T0193325

Motorsteuerung lernen

Die Steuerung moderner Otto- und Dieselmotoren macht einen stetig steigenden Anteil an Fahrzeugelektronik erforderlich, um die hohen Forderungen nach einer Reduzierung der Emissionen zu erfüllen. Um die Funktion der Fahrzeugantriebe und das Zusammenwirken der Komponenten und Systeme richtig zu verstehen, ist daher ein Fundus an Informationen von deren Grundlagen bis zur Arbeitsweise erforderlich. In diesem Heft „Elektronische Steuerung von Ottomotoren" stellt *Motorsteuerung lernen* die zum Verständnis erforderlichen Grundlagen bereit. Es bietet den raschen und sicheren Zugriff auf diese Informationen und erklärt diese anschaulich, systematisch und anwendungsorientiert.

Weitere Bände in der Reihe http://www.springer.com/series/13472

Konrad Reif
(Hrsg.)

Elektronische Steuerung von Ottomotoren

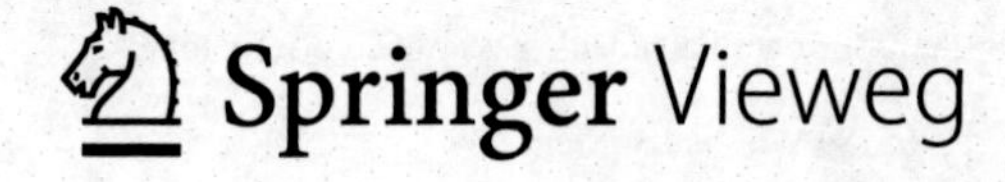

Hrsg.
Konrad Reif
Duale Hochschule Baden-Württemberg Ravensburg
Campus Friedrichshafen
Friedrichshafen, Deutschland

ISSN 2364-6349
Motorsteuerung lernen
ISBN 978-3-658-27862-5

Die Deutsche Nationalbibliothek verzeichnet diese Publikation in der Deutschen Nationalbibliografie; detaillierte bibliografische Daten sind im Internet über http://dnb.d-nb.de abrufbar.

Verantwortlich im Verlag: Markus Braun
Springer Vieweg ist ein Imprint der eingetragenen Gesellschaft Springer Fachmedien Wiesbaden GmbH und ist ein Teil von Springer Nature
Die Anschrift der Gesellschaft ist: Abraham-Lincoln-Str. 46, 65189 Wiesbaden, Germany

Vorwort

Die beständige, jahrzehntelange Vorwärtsentwicklung der Fahrzeugtechnik zwingt den Fachmann dazu, mit dieser Entwicklung Schritt zu halten. Dies gilt nicht nur für junge Leute in der Ausbildung und die Ausbilder selbst, sondern auch für jeden, der schon länger auf dem Gebiet der Fahrzeugtechnik und -elektronik arbeitet. Dabei nimmt neben den klassischen Gebieten Fahrzeug- und Motorentechnik die Elektronik eine immer wichtigere Rolle ein. Die Aus- und Weiterbildungsangebote müssen dem Rechnung tragen, genauso wie die Studienangebote.

Der Fachlehrgang „Motorsteuerung lernen" nimmt auf diesen Bedarf Bezug und bietet mit zehn Einzelthemen einen leichten Einstieg in das wichtige und umfangreiche Gebiet der Steuerung von Diesel- und Ottomotoren. Eine fachlich fundierte und anwendungsorientierte Darstellung garantiert eine direkte Verwertbarkeit des Fachlehrgangs in der Praxis. Die leichte Verständlichkeit machen den Fachlehrgang für das Selbststudium besonders geeignet.

Der vorliegende Teil des Fachlehrgangs mit dem Titel „Elektronische Steuerung von Ottomotoren" behandelt alle dafür wichtigen Themen. Dabei wird auf die Systemstruktur, auf die Datenverarbeitung und auf die Applikation eingegangen. Außerdem werden Sensoren, das Steuergerät und die Diagnose behandelt. Dieses Heft ist eine Auskopplung aus dem gebundenen Buch „Ottomotor-Management" aus der Reihe Bosch Fachinformation Automobil und wurde für den hier vorliegenden Fachlehrgang neu zusammengestellt.

Friedrichshafen, im Januar 2015 Konrad Reif

Inhaltverzeichnis

Herausgeber

Prof. Dr.-Ing. Konrad Reif

Autoren und Mitwirkende

Dipl.-Ing. Stefan Schneider,
Dipl.-Ing. Andreas Blumenstock,
Dipl.-Ing. Oliver Pertler,
Prof. Dr.-Ing. Konrad Reif,
Duale Hochschule Baden-Württemberg.
(Elektronische Steuerung und Regelung)

Dr.-Ing. Manfred Strohrmann,
Dr.-Ing. Berndt Cramer.
(Sensoren)

Dipl.-Ing. Hans-Walter Schmitt,
Dipl.-Ing. Hans-Peter Ströbele,
Dipl.-Ing. Axel Aue,
Dipl.-Ing. Norbert Jeggle,
Dipl.-Ing. Andreas Müller,
Dipl.-Ing. Wolfgang Löwl,
Dipl.-Ing. Jochen Schneider,
Dipl.-Ing. Jörg Gebers,
Prof. Dr.-Ing. Konrad Reif,
Duale Hochschule Baden-Württemberg.
(Steuergerät)

Dr.-Ing. Markus Willimowski,
Dipl.-Ing. Jens Leideck,
Prof. Dr.-Ing. Konrad Reif,
Duale Hochschule Baden-Württemberg.
(Diagnose)

Soweit nicht anders angegeben,
handelt es sich um Mitarbeiter der
Robert Bosch GmbH.

Elektronische Steuerung und Regelung

Übersicht

Die Aufgabe des elektronischen Motorsteuergeräts besteht darin, alle Aktoren des Motor-Managementsystems so anzusteuern, dass sich ein bestmöglicher Motorbetrieb bezüglich Kraftstoffverbrauch, Abgasemissionen, Leistung und Fahrkomfort ergibt. Um dies zu erreichen, müssen viele Betriebsparameter mit Sensoren erfasst und mit Algorithmen – das sind nach einem festgelegten Schema ablaufende Rechenvorgänge – verarbeitet werden. Als Ergebnis ergeben sich Signalverläufe, mit denen die Aktoren angesteuert werden.

Das Motor-Managementsystem umfasst sämtliche Komponenten, die den Ottomotor steuern (Bild 1, Beispiel Benzin-Direkteinspritzung). Das vom Fahrer geforderte Drehmoment wird über Aktoren und Wandler eingestellt. Im Wesentlichen sind dies

- die elektrisch ansteuerbare Drosselklappe zur Steuerung des Luftsystems: sie steuert den Luftmassenstrom in die Zylinder und damit die Zylinderfüllung,
- die Einspritzventile zur Steuerung des Kraftstoffsystems: sie messen die zur Zylinderfüllung passende Kraftstoffmenge zu,
- die Zündspulen und Zündkerzen zur Steuerung des Zündsystems: sie sorgen für die zeitgerechte Entzündung des im Zylinder vorhandenen Luft-Kraftstoff-Gemischs.

An einen modernen Motor werden auch hohe Anforderungen bezüglich Abgasverhalten, Leistung, Kraftstoffverbrauch, Diagnostizierbarkeit und Komfort gestellt. Hierzu sind im Motor gegebenenfalls weitere Aktoren und Sensoren integriert. Im elektronischen Motorsteuergerät werden alle Stellgrößen nach vorgegebenen Algorithmen berechnet. Daraus werden die Ansteuersignale für die Aktoren erzeugt.

Betriebsdatenerfassung und -verarbeitung

Betriebsdatenerfassung

Sensoren und Sollwertgeber

Das elektronische Motorsteuergerät erfasst über Sensoren und Sollwertgeber die für die Steuerung und Regelung des Motors erforderlichen Betriebsdaten (Bild 1). Sollwertgeber (z. B. Schalter) erfassen vom Fahrer vorgenommene Einstellungen, wie z. B. die Stellung des Zündschlüssels im Zündschloss (Klemme 15), die Schalterstellung der Klimasteuerung oder die Stellung des Bedienhebels für die Fahrgeschwindigkeitsregelung.

Sensoren erfassen physikalische und chemische Größen und geben damit Aufschluss über den aktuellen Betriebszustand des Motors. Beispiele für solche Sensoren sind:

- Drehzahlsensor für das Erkennen der Kurbelwellenstellung und die Berechnung der Motordrehzahl,
- Phasensensor zum Erkennen der Phasenlage (Arbeitsspiel des Motors) und der Nockenwellenposition bei Motoren mit Nockenwellen-Phasenstellern zur Verstellung der Nockenwellenposition,
- Motortemperatur- und Ansauglufttemperatursensor zum Berechnen von temperaturabhängigen Korrekturgrößen,
- Klopfsensor zum Erkennen von Motorklopfen,
- Luftmassenmesser und Saugrohrdrucksensor für die Füllungserfassung,
- λ-Sonde für die λ-Regelung.

Signalverarbeitung im Steuergerät

Bei den Signalen der Sensoren kann es sich um digitale, pulsförmige oder analoge Spannungen handeln. Eingangsschaltungen im Steuergerät oder zukünftig auch vermehrt im Sensor bereiten alle diese Signale auf. Sie nehmen eine Anpassung des Spannungspegels vor und passen damit die Signale für die Weiterverarbeitung im Mikrocontroller des

1 Komponenten für die elektronische Steuerung und Regelung eines Ottomotors

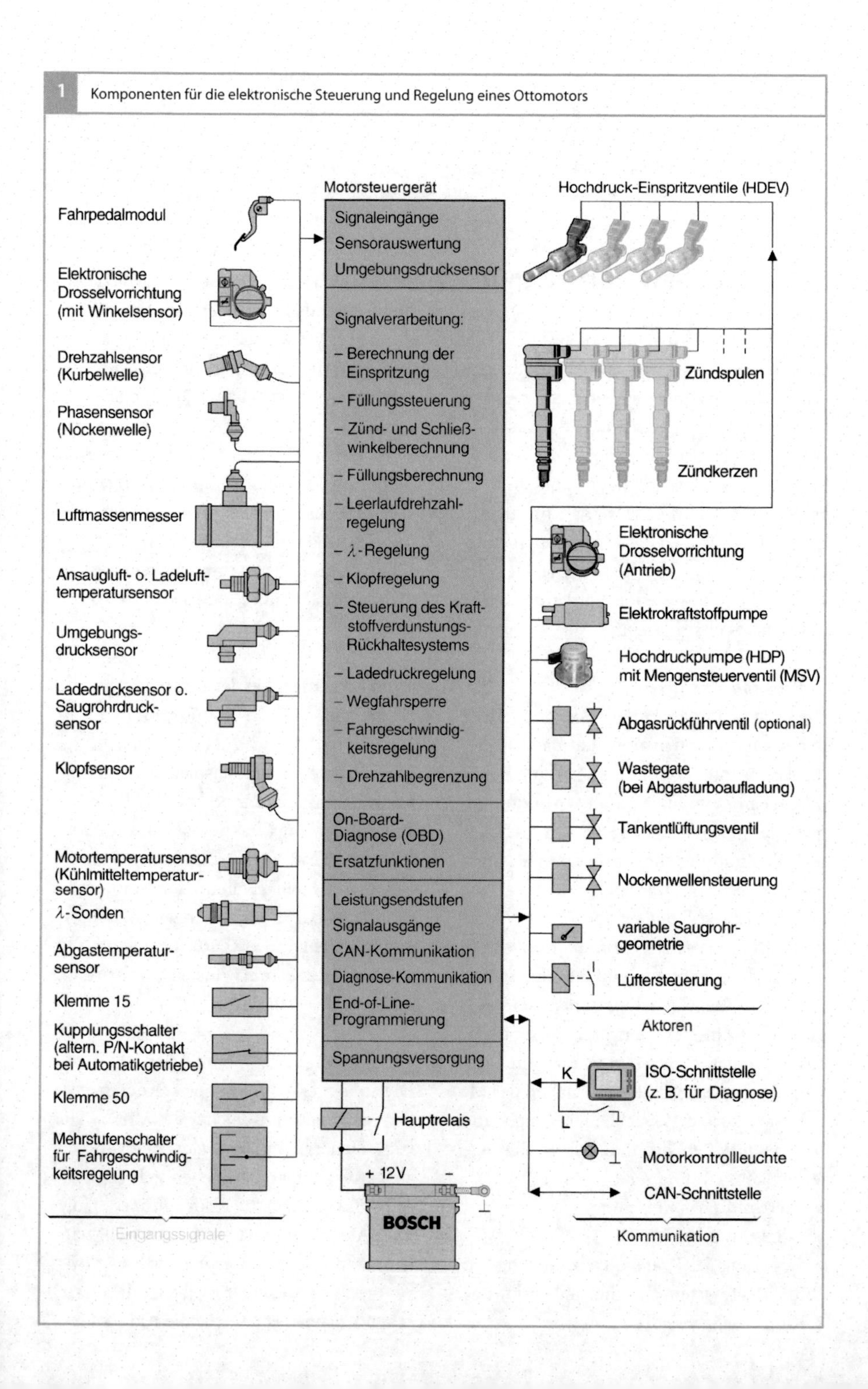

Steuergeräts an. Digitale Eingangssignale werden im Mikrocontroller direkt eingelesen und als digitale Information gespeichert. Die analogen Signale werden vom Analog-Digital-Wandler (ADW) in digitale Werte umgesetzt.

Betriebsdatenverarbeitung

Aus den Eingangssignalen erkennt das elektronische Motorsteuergerät die Anforderungen des Fahrers über den Fahrpedalsensor und über die Bedienschalter, die Anforderungen von Nebenaggregaten und den aktuellen Betriebszustand des Motors und berechnet daraus die Stellsignale für die Aktoren. Die Aufgaben des Motorsteuergeräts sind in Funktionen gegliedert. Die Algorithmen sind als Software im Programmspeicher des Steuergeräts abgelegt.

Steuergerätefunktionen
Die Zumessung der zur angesaugten Luftmasse zugehörenden Kraftstoffmasse und die Auslösung des Zündfunkens zum bestmöglichen Zeitpunkt sind die Grundfunktionen der Motorsteuerung. Die Einspritzung und die Zündung können so optimal aufeinander abgestimmt werden.

Die Leistungsfähigkeit der für die Motorsteuerung eingesetzten Mikrocontroller ermöglicht es, eine Vielzahl weiterer Steuerungs- und Regelungsfunktionen zu integrieren. Die immer strengeren Forderungen aus der Abgasgesetzgebung verlangen nach Funktionen, die das Abgasverhalten des Motors sowie die Abgasnachbehandlung verbessern. Funktionen, die hierzu einen Beitrag leisten können, sind z. B.:

- Leerlaufdrehzahlregelung,
- λ-Regelung,
- Steuerung des Kraftstoffverdunstungs-Rückhaltesystems für die Tankentlüftung,
- Klopfregelung,
- Abgasrückführung zur Senkung von NO_x-Emissionen,
- Steuerung des Sekundärluftsystems zur Sicherstellung der schnellen Betriebsbereitschaft des Katalysators.

Bei erhöhten Anforderungen an den Antriebsstrang kann das System zusätzlich noch durch folgende Funktionen ergänzt werden:

- Steuerung des Abgasturboladers sowie der Saugrohrumschaltung zur Steigerung der Motorleistung und des Motordrehmoments,
- Nockenwellensteuerung zur Reduzierung der Abgasemissionen und des Kraftstoffverbrauchs sowie zur Steigerung von Motorleistung und -drehmoment,
- Drehzahl- und Geschwindigkeitsbegrenzung zum Schutz von Motor und Fahrzeug.

Immer wichtiger bei der Entwicklung von Fahrzeugen wird der Komfort für den Fahrer. Das hat auch Auswirkungen auf die Motorsteuerung. Beispiele für typische Komfortfunktionen sind Fahrgeschwindigkeitsregelung (Tempomat) und ACC (Adaptive Cruise Control, adaptive Fahrgeschwindigkeitsregelung), Drehmomentanpassung bei Schaltvorgängen von Automatikgetrieben sowie Lastschlagdämpfung (Glättung des Fahrerwunschs), Einparkhilfe und Parkassistent.

Ansteuerung von Aktoren
Die Steuergerätefunktionen werden nach den im Programmspeicher des Motorsteuerung-Steuergeräts abgelegten Algorithmen abgearbeitet. Daraus ergeben sich Größen (z. B. einzuspritzende Kraftstoffmasse), die über Aktoren eingestellt werden (z. B. zeitlich definierte Ansteuerung der Einspritzventile). Das Steuergerät erzeugt die elektrischen Ansteuersignale für die Aktoren.

Drehmomentstruktur

Mit der Einführung der elektrisch ansteuerbaren Drosselklappe zur Leistungssteuerung wurde die drehmomentbasierte Systemstruktur (Drehmomentstruktur) eingeführt. Alle Leistungsanforderungen (Bild 2) an den Motor werden koordiniert und in einen Drehmomentwunsch umgerechnet. Im Drehmomentkoordinator werden diese Anforderungen von internen und externen Verbrauchern sowie weitere Vorgaben bezüglich des Motorwirkungsgrads priorisiert. Das resultierende Sollmoment wird auf die Anteile des Luft-, Kraftstoff- und Zündsystems aufgeteilt.

Der Füllungsanteil (für das Luftsystem) wird durch eine Querschnittsänderung der Drosselklappe und bei Turbomotoren zusätzlich durch die Ansteuerung des Wastegate-Ventils realisiert. Der Kraftstoffanteil wird im Wesentlichen durch den eingespritzten Kraftstoff unter Berücksichtigung der Tankentlüftung (Kraftstoffverdunstungs-Rückhaltesystem) bestimmt.

Die Einstellung des Drehmoments geschieht über zwei Pfade. Im Luftpfad (Hauptpfad) wird aus dem umzusetzenden Drehmoment eine Sollfüllung berechnet. Aus dieser Sollfüllung wird der Soll-Drosselklappenwinkel ermittelt. Die einzuspritzende Kraftstoffmasse ist aufgrund des fest vorgegebenen λ-Werts von der Füllung abhängig. Mit dem Luftpfad sind nur langsame Drehmomentänderungen einstellbar (z. B. beim Integralanteil der Leerlaufdrehzahlregelung).

Im kurbelwellensynchronen Pfad wird aus der aktuell vorhandenen Füllung das für diesen Betriebspunktpunkt maximal mögliche Drehmoment berechnet. Ist das gewünschte Drehmoment kleiner als das maximal mögliche, so kann für eine schnelle Drehmomentreduzierung (z. B. beim Differentialanteil der Leerlaufdrehzahlregelung, für die Drehmomentrücknahme beim Schaltvorgang oder zur Ruckeldämpfung) der Zündwinkel in Richtung spät verschoben oder einzelne oder mehrere Zylinder vollständig ausgeblendet werden (durch Einspritzausblendung, z. B. bei ESP-Eingriff oder im Schub).

Bei den früheren Motorsteuerungs-Systemen ohne Momentenstruktur wurde eine Zurücknahme des Drehmoments (z. B. auf Anforderung des automatischen Getriebes beim Schaltvorgang) direkt von der jeweiligen Funktion z. B. durch Spätverstellung des

2 Drehmomentbasierte Systemstruktur

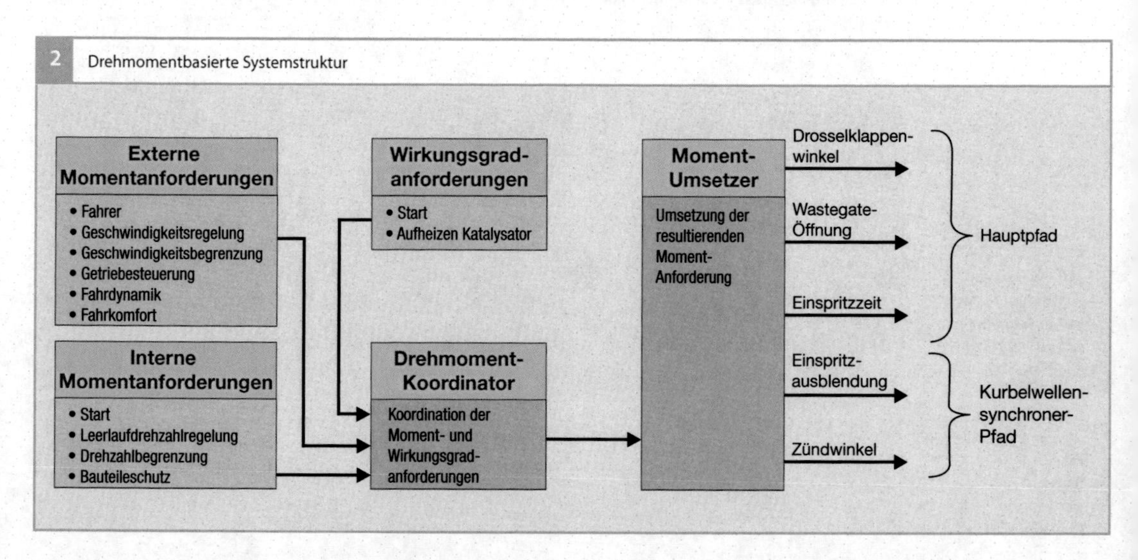

Zündwinkels vorgenommen. Eine Koordination der einzelnen Anforderungen und eine koordinierte Umsetzung war nicht gegeben.

Überwachungskonzept

Im Fahrbetrieb darf es unter keinen Umständen zu Zuständen kommen, die zu einer vom Fahrer ungewollten Beschleunigung des Fahrzeugs führen. An das Überwachungskonzept der elektronischen Motorsteuerung werden deshalb hohe Anforderungen gestellt. Hierzu enthält das Steuergerät neben dem Hauptrechner zusätzlich einen Überwachungsrechner; beide überwachen sich gegenseitig.

Diagnose

Die im Steuergerät integrierten Diagnosefunktionen überprüfen das Motorsteuerungs-System (Steuergerät mit Sensoren und Aktoren) auf Fehlverhalten und Störungen, speichern erkannte Fehler im Datenspeicher ab und leiten gegebenenfalls Ersatzfunktionen ein. Über die Motorkontrollleuchte oder im Display des Kombiinstruments werden dem Fahrer die Fehler angezeigt. Über eine Diagnoseschnittstelle werden in der Kundendienstwerkstatt System-Testgeräte (z. B. Bosch KTS650) angeschlossen. Sie erlauben das Auslesen der im Steuergerät enthaltenen Informationen zu den abgespeicherten Fehlern.

Ursprünglich sollte die Diagnose nur die Fahrzeuginspektion in der Kundendienstwerkstatt erleichtern. Mit Einführung der kalifornischen Abgasgesetzgebung OBD (On-Board-Diagnose) wurden Diagnosefunktionen vorgeschrieben, die das gesamte Motorsystem auf abgasrelevante Fehler prüfen und diese über die Motorkontrollleuchte anzeigen. Beispiele hierfür sind die Katalysatordiagnose, die λ-Sonden-Diagnose sowie die Aussetzererkennung. Diese Forderungen wurden in die europäische Gesetzgebung (EOBD) in abgewandelter Form übernommen.

3 Kommunikation mit der Motorsteuerung

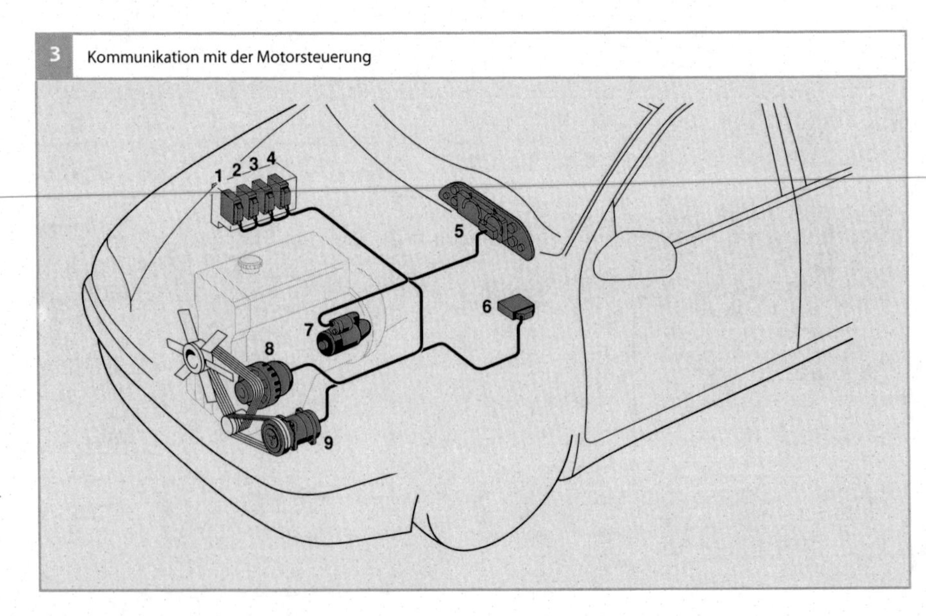

Bild 3
1 Motorsteuergerät
2 ESP-Steuergerät (elektronisches Stabilitätsprogramm)
3 Getriebesteuergerät
4 Klimasteuergerät
5 Kombiinstrument mit Bordcomputer
6 Steuergerät für Wegfahrsperre
7 Starter
8 Generator
9 Klimakompressor

Vernetzung im Fahrzeug

Über Bussysteme, wie z. B. den CAN-Bus (Controller Area Network), kann die Motorsteuerung mit den Steuergeräten anderer Fahrzeugsysteme kommunizieren. Bild 3 zeigt hierzu einige Beispiele. Die Steuergeräte können die Daten anderer Systeme in ihren Steuer- und Regelalgorithmen als Eingangssignale verarbeiten. Beispiele sind:

- ESP-Steuergerät: Zur Fahrzeugstabilisierung kann das ESP-Steuergerät eine Drehmomentenreduzierung durch die Motorsteuerung anfordern.
- Getriebesteuergerät: Die Getriebesteuerung kann beim Schaltvorgang eine Drehmomentenreduzierung anfordern, um einen weicheren Schaltvorgang zu ermöglichen.
- Klimasteuergerät: Das Klimasteuergerät liefert an die Motorsteuerung den Leistungsbedarf des Klimakompressors, damit dieser bei der Berechnung des Motormoments berücksichtigt werden kann.
- Kombiinstrument: Die Motorsteuerung liefert an das Kombiinstrument Informationen wie den aktuellen Kraftstoffverbrauch oder die aktuelle Motordrehzahl zur Information des Fahrers.
- Wegfahrsperre: Das Wegfahrsperren-Steuergerät hat die Aufgabe, eine unberechtigte Nutzung des Fahrzeugs zu verhindern. Hierzu wird ein Start der Motorsteuerung durch die Wegfahrsperre so lange blockiert, bis der Fahrer über den Zündschlüssel eine Freigabe erteilt hat und das Wegfahrsperren-Steuergerät den Start freigibt.

Systembeispiele

Die Motorsteuerung umfasst alle Komponenten, die für die Steuerung eines Ottomotors notwendig sind. Der Umfang des Systems wird durch die Anforderungen bezüglich der Motorleistung (z. B. Abgasturboaufladung), des Kraftstoffverbrauchs sowie der jeweils geltenden Abgasgesetzgebung bestimmt. Die kalifornische Abgas- und Diagnosegesetzgebung (CARB) stellt besonders hohe Anforderungen an das Diagnosesystem der Motorsteuerung. Einige abgasrelevante Systeme können nur mithilfe zusätzlicher Komponenten diagnostiziert werden (z. B. das Kraftstoffverdunstungs-Rückhaltesystem).

Im Lauf der Entwicklungsgeschichte entstanden Motorsteuerungs-Generationen (z. B. Bosch M1, M3, ME7, MED17), die sich in erster Linie durch den Hardwareaufbau unterscheiden. Wesentliches Unterscheidungsmerkmal sind die Mikrocontrollerfamilie, die Peripherie- und die Endstufenbausteine (Chipsatz). Aus den Anforderungen verschiedener Fahrzeughersteller ergeben sich verschiedene Hardwarevarianten. Neben den nachfolgend beschriebenen Ausführungen gibt es auch Motorsteuerungs-Systeme mit integrierter Getriebesteuerung (z. B. Bosch MG- und MEG-Motronic). Sie sind aufgrund der hohen Hardware-Anforderungen jedoch nicht verbreitet.

Motorsteuerung mit mechanischer Drosselklappe

Für Ottomotoren mit Saugrohreinspritzung kann die Luftversorgung über eine mechanisch verstellbare Drosselklappe erfolgen. Das Fahrpedal ist über ein Gestänge oder einen Seilzug mit der Drosselklappe verbunden. Die Fahrpedalstellung legt den Öffnungsquerschnitt der Drosselklappe fest und steuert damit den durch das Saugrohr in die Zylinder einströmenden Luftmassenstrom.

4 Komponenten für die elektronische Steuerung und Regelung eines Ottomotors mit Saugrohreinspritzung und elektrisch angesteuerter Drosselklappe

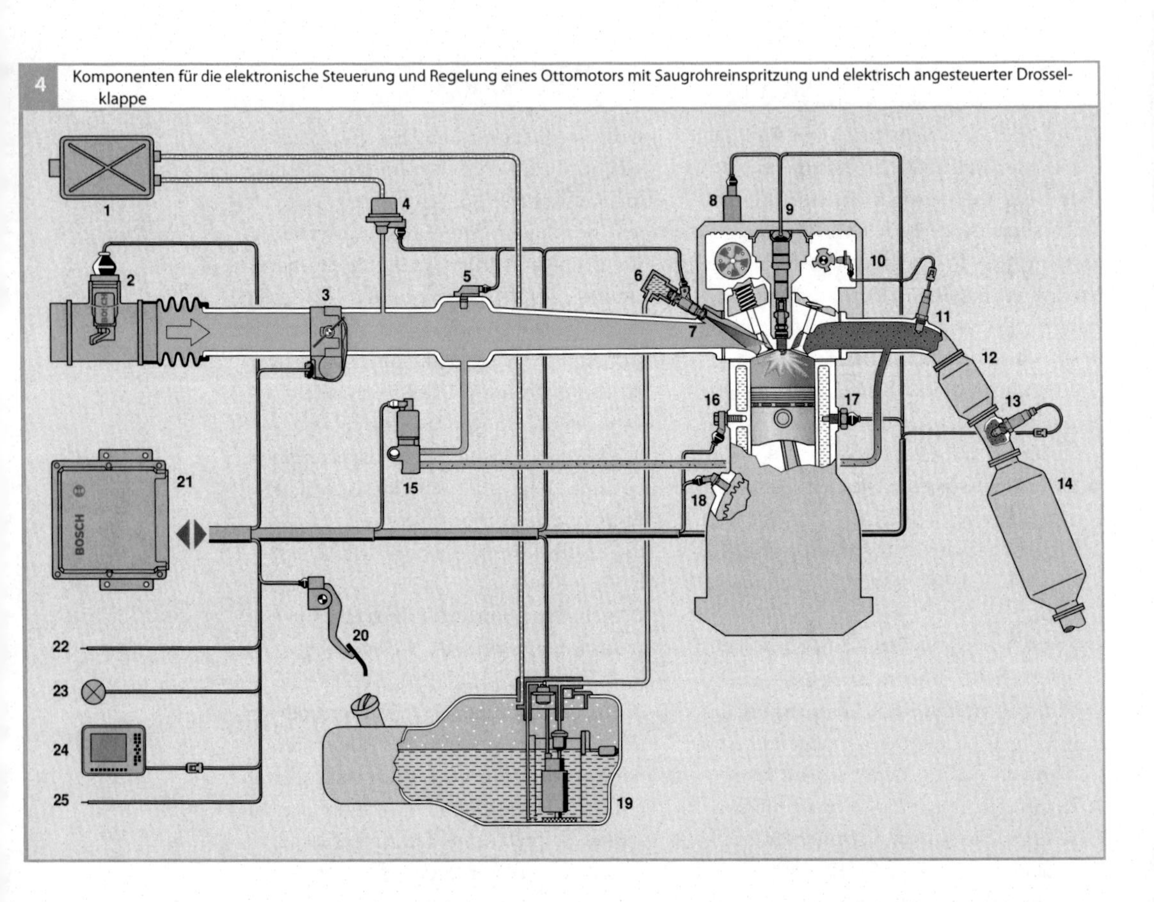

Bild 4

1 Aktivkohlebehälter
2 Heißfilm-Luftmassenmesser
3 elektrisch angesteuerte Drosselklappe
4 Tankentlüftungsventil
5 Saugrohrdrucksensor
6 Kraftstoff-Verteilerrohr
7 Einspritzventil
8 Aktoren und Sensoren für variable Nockenwellensteuerung
9 Zündspule mit Zündkerze
10 Nockenwellen-Phasensensor
11 λ-Sonde vor dem Vorkatalysator
12 Vorkatalysator
13 λ-Sonde nach dem Vorkatalysator
14 Hauptkatalysator
15 Abgasrückführventil
16 Klopfsensor
17 Motortemperatursensor
18 Drehzahlsensor
19 Kraftstofffördermodul mit Elektrokraftstoffpumpe
20 Fahrpedalmodul
21 Motorsteuergerät
22 CAN-Schnittstelle
23 Motorkontrollleuchte
24 Diagnoseschnittstelle
25 Schnittstelle zur Wegfahrsperre

Über einen Leerlaufsteller (Bypass) kann ein definierter Luftmassenstrom an der Drosselklappe vorbeigeführt werden. Mit dieser Zusatzluft kann im Leerlauf die Drehzahl auf einen konstanten Wert geregelt werden. Das Motorsteuergerät steuert hierzu den Öffnungsquerschnitt des Bypasskanals. Dieses System hat für Neuentwicklungen im europäischen und nordamerikanischen Markt keine Bedeutung mehr, es wurde durch Systeme mit elektrisch angesteuerter Drosselklappe abgelöst.

Motorsteuerung mit elektrisch angesteuerter Drosselklappe

Bei aktuellen Fahrzeugen mit Saugrohreinspritzung erfolgt eine elektronische Motorleistungssteuerung. Zwischen Fahrpedal und

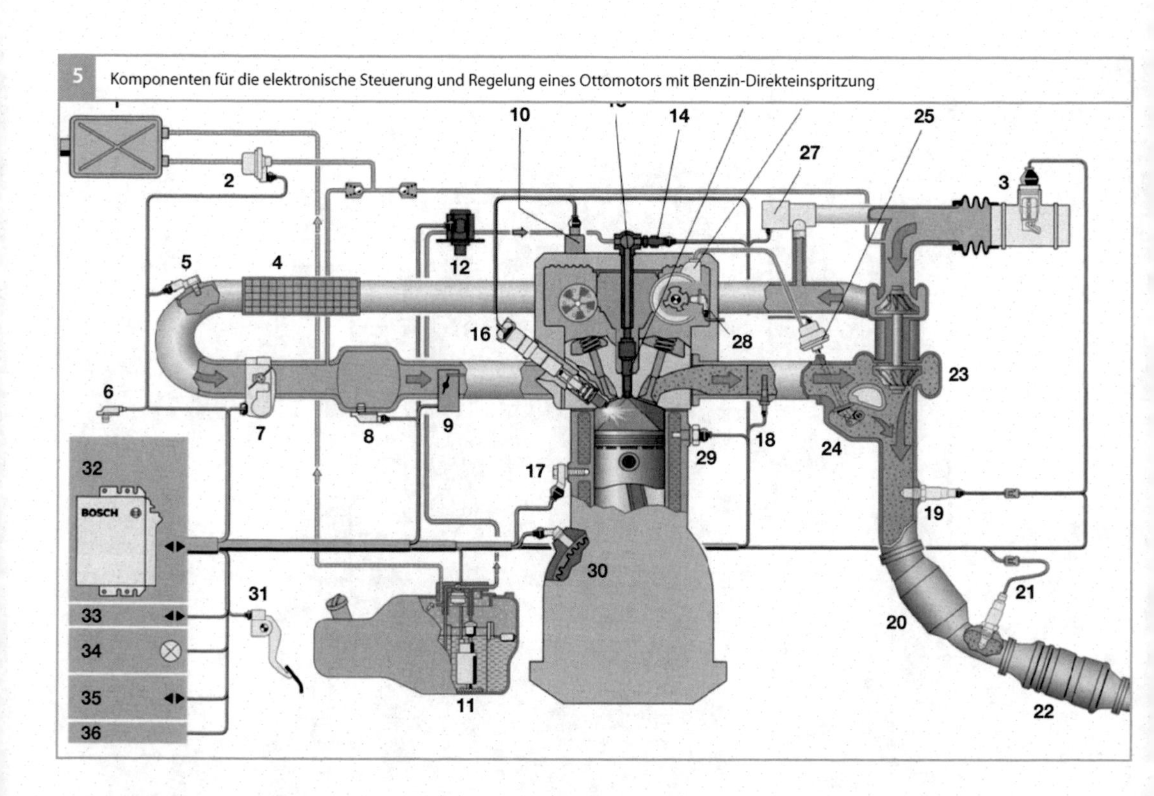

5 Komponenten für die elektronische Steuerung und Regelung eines Ottomotors mit Benzin-Direkteinspritzung

Drosselklappe ist keine mechanische Verbindung mehr vorhanden. Die Stellung des Fahrpedals, d. h. der Fahrerwunsch, wird von einem Potentiometer am Fahrpedal (Pedalwegsensor im Fahrpedalmodul, Bild 4, Pos. 20) erfasst und in Form eines analogen Spannungssignals vom Motorsteuergerät (21) eingelesen. Im Steuergerät werden Signale erzeugt, die den Öffnungsquerschnitt der elektrisch angesteuerten Drosselklappe (3) so einstellen, dass der Verbrennungsmotor das geforderte Drehmoment einstellt.

Motorsteuerung für Benzin-Direkteinspritzung

Mit der Einführung der Direkteinspritzung beim Ottomotor (Benzin-Direkteinspritzung, BDE) wurde ein Steuerungskonzept erforderlich, das verschiedene Betriebsarten in einem Steuergerät koordiniert. Beim Homogenbetrieb wird das Einspritzventil so

Bild 5

1 Aktivkohlebehälter
2 Tankentlüftungsventil
3 Heißfilm-Luftmassenmesser
4 Ladeluftkühler
5 kombinierter Ladedruck- und Ansauglufttemperatursensor
6 Umgebungsdrucksensor
7 Drosselklappe
8 Saugrohrdrucksensor
9 Ladungsbewegungsklappe
10 Nockenwellenversteller
11 Kraftstofffördermodul mit Elektrokraftstoffpumpe
12 Hochdruckpumpe
13 Kraftstoffverteilerrohr
14 Hochdrucksensor
15 Hochdruck-Einspritzventil
16 Zündspule mit Zündkerze
17 Klopfsensor
18 Abgastemperatursensor
19 λ-Sonde
20 Vorkatalysator
21 λ-Sonde
22 Hauptkatalysator
23 Abgasturbolader
24 Waste-Gate
25 Waste-Gate-Steller
26 Vakuumpumpe
27 Schubumluftventil
28 Nockenwellen-Phasensensor
29 Motortemperatursensor
30 Drehzahlsensor
31 Fahrpedalmodul
32 Motorsteuergerät
33 CAN-Schnittstelle
34 Motorkontrollleuchte
35 Diagnoseschnittstelle
36 Schnittstelle zur Wegfahrsperre

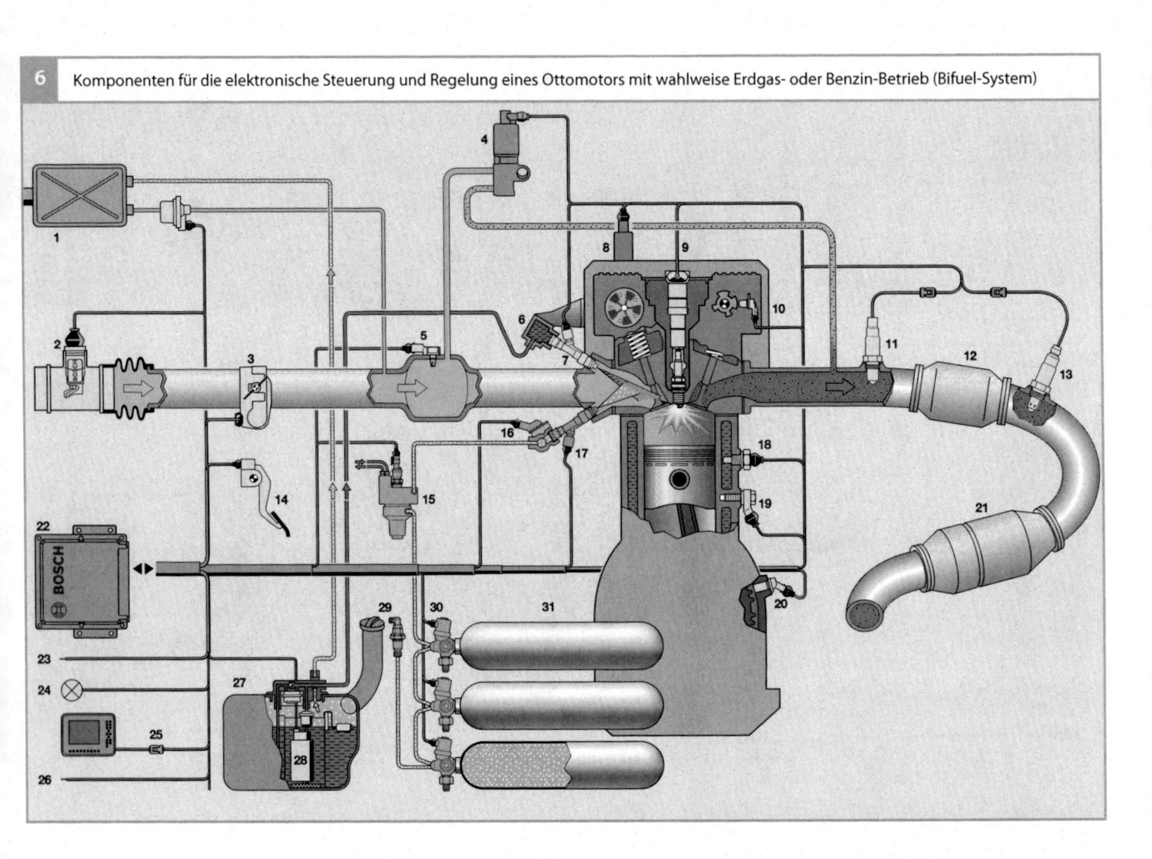

6 Komponenten für die elektronische Steuerung und Regelung eines Ottomotors mit wahlweise Erdgas- oder Benzin-Betrieb (Bifuel-System)

Bild 6

1 Aktivkohlebehälter mit Tankentlüftungsventil
2 Heißfilm-Luftmassenmesser
3 elektrisch angesteuerte Drosselklappe
4 Abgasrückführventil
5 Saugrohrdrucksensor
6 Kraftstoff-Verteilerrohr
7 Benzin-Einspritzventil
8 Aktoren und Sensoren für variable Nockenwellensteuerung
9 Zündspule mit Zündkerze
10 Nockenwellen-Phasensensor
11 λ-Sonde vor dem Vorkatalysator
12 Vorkatalysator
13 λ-Sonde nach dem Vorkatalysator
14 Fahrpedalmodul
15 Erdgas-Druckregler
16 Erdgas-Rail mit Erdgas-Druck- und Temperatursensor
17 Erdgas-Einblasventil
18 Motortemperatursensor
19 Klopfsensor
20 Drehzahlsensor
21 Hauptkatalysator
22 Motorsteuergerät
23 CAN-Schnittstelle
24 Motorkontrollleuchte
25 Diagnoseschnittstelle
26 Schnittstelle zur Wegfahrsperre
27 Kraftstoffbehälter
28 Kraftstofffördermodul mit Elektrokraftstoffpumpe
29 Einfüllstutzen für Benzin und Erdgas
30 Tankabsperrventile
31 Erdgastank

angesteuert, dass sich eine homogene Luft-Kraftstoff-Gemischverteilung im Brennraum ergibt. Dazu wird der Kraftstoff in den Saughub eingespritzt. Beim Schichtbetrieb wird durch eine späte Einspritzung während des Verdichtungshubs, kurz vor der Zündung, eine lokal begrenzte Gemischwolke im Zündkerzenbereich erzeugt.

Seit einigen Jahren finden zunehmend BDE-Konzepte, bei denen der Motor im gesamten Betriebsbereich homogen und stöchiometrisch (mit $\lambda = 1$) betrieben wird, in Verbindung mit Turboaufladung eine immer größere Verbreitung. Bei diesen Konzepten kann der Kraftstoffverbrauch bei vergleichbarer Motorleistung durch eine Verringerung des Hubvolumens (Downsizing) des Motors gesenkt werden.

Beim Schichtbetrieb wird der Motor mit einem mageren Luft-Kraftstoff-Gemisch (bei $\lambda > 1$) betrieben. Hierdurch lässt sich insbesondere im Teillastbereich der Kraftstoffverbrauch verringern. Durch den Magerbetrieb ist bei dieser Betriebsart eine aufwendigere Abgasnachbehandlung zur Reduktion der NO_x-Emissionen notwendig.

Bild 5 zeigt ein Beispiel der Steuerung eines BDE-Systems mit Turboaufladung und stöchiometrischem Homogenbetrieb. Dieses System besitzt ein Hochdruck-Einspritzsystem bestehend aus Hochdruckpumpe mit Mengensteuerventil (12), Kraftstoff-Verteilerrrohr (13) mit Hochdrucksensor (14) und Hochdruck-Einspritzventil (15). Der Kraftstoffdruck wird in Abhängikeit vom Betriebspunkt in Bereichen zwischen 3 und 20 MPa geregelt. Der Ist-Druck wird mit dem Hochdrucksensor erfasst. Die Regelung auf den Sollwert erfolgt durch das Mengensteuerventil.

Motorsteuerung für Erdgas-Systeme

Erdgas, auch CNG (Compressed Natural Gas) genannt, gewinnt aufgrund der günstigen CO_2-Emissionen zunehmend an Bedeutung als Kraftstoffalternative für Ottomotoren. Aufgrund der vergleichsweise geringen Tankstellendichte sind heutige Fahrzeuge überwiegend mit Bifuel-Systemen ausgestattet, die einen Betrieb wahlweise mit Erdgas oder Benzin ermöglichen. Bifuel-Systeme gibt es heute für Motoren mit Saugrohreinspritzung und mit Benzin-Direkteinspritzung.

Die Motorsteuerung für Bifuel-Systeme enthält alle Komponenten für die Saugrohreinspritzung bzw. Benzin-Direkteinspritzung. Zusätzlich enthält diese Motorsteuerung die Komponenten für das Erdgassystem (Bild 6). Während bei Nachrüstsystemen die Steuerung des Erdgasbetriebs über eine externe Einheit vorgenommen wird, ist sie bei der Bifuel-Motorsteuerung integriert. Das Sollmoment des Motors und die den Betriebszustand charakterisierenden Größen werden im Bifuel-Steuergerät nur einmal gebildet. Durch die physikalisch basierten Funktionen der Momentenstruktur ist eine einfache Integration der für den Gasbetrieb spezifischen Parameter möglich.

Umschaltung der Kraftstoffart

Je nach Motorauslegung kann es sinnvoll sein, bei hoher Lastanforderung automatisch in die Kraftstoffart zu wechseln, die die maximale Motorleistung ermöglicht. Weitere automatische Umschaltungen können darüber hinaus sinnvoll sein, um z. B. eine spezifische Abgasstrategie zu realisieren und den Katalysator schneller aufzuheizen oder generell ein Kraftstoffmanagement durchzuführen. Bei automatischen Umschaltungen ist es jedoch wichtig, dass diese momentenneutral umgesetzt werden, d. h. für den Fahrer nicht wahrnehmbar sind.

Die Bifuel-Motorsteuerung erlaubt den Betriebsstoffwechsel auf verschiedene Arten. Eine Möglichkeit ist der direkte Wechsel, vergleichbar mit einem Schalter. Dabei darf keine Einspritzung abgebrochen werden, sonst bestünde im befeuerten Betrieb die Gefahr von Aussetzern. Die plötzliche Gaseinblasung hat gegenüber dem Benzinbetrieb jedoch eine größere Volumenverdrängung zur Folge, sodass der Saugrohrdruck ansteigt und die Zylinderfüllung durch die Umschaltung um ca. 5 % abnimmt. Dieser Effekt muss durch eine größere Drosselklappenöffnung berücksichtigt werden. Um das Motormoment bei der Umschaltung unter Last konstant zu halten, ist ein zusätzlicher Eingriff auf die Zündwinkel notwendig, der eine schnelle Änderung des Drehmoments ermöglicht.

Eine weitere Möglichkeit der Umschaltung ist die Überblendung von Benzin- zu

Gasbetrieb. Zum Wechsel in den Gasbetrieb wird die Benzineinspritzung durch einen Aufteilungsfaktor reduziert und die Gaseinblasung entsprechend erhöht. Dadurch werden Sprünge in der Luftfüllung vermieden. Zusätzlich ergibt sich die Möglichkeit, eine veränderte Gasqualität mit der λ-Regelung während der Umschaltung zu korrigieren. Mit diesem Verfahren ist die Umschaltung auch bei hoher Last ohne merkbare Momentenänderung durchführbar.

Bei Nachrüstsystemen besteht häufig keine Möglichkeit, die Betriebsarten für Benzin und Erdgas koordiniert zu wechseln. Zur Vermeidung von Momentensprüngen wird deshalb bei vielen Systemen die Umschaltung nur während der Schubphasen durchgeführt.

Systemstruktur

Die starke Zunahme der Komplexität von Motorsteuerungs-Systemen aufgrund neuer Funktionalitäten erfordert eine strukturierte Systembeschreibung. Basis für die bei Bosch verwendete Systembeschreibung ist die Drehmomentstruktur. Alle Drehmomentanforderungen an den Motor werden von der Motorsteuerung als Sollwerte entgegengenommen und zentral koordiniert. Das geforderte Drehmoment wird berechnet und über folgende Stellgrößen eingestellt:

- den Winkel der elektrisch ansteuerbaren Drosselklappe,
- den Zündwinkel,
- Einspritzausblendungen,
- Ansteuern des Waste-Gates bei Motoren mit Abgasturboaufladung,
- die eingespritzte Kraftstoffmenge bei Motoren im Magerbetrieb.

Bild 7 zeigt die bei Bosch für Motorsteuerungs-Systeme verwendete Systemstruktur

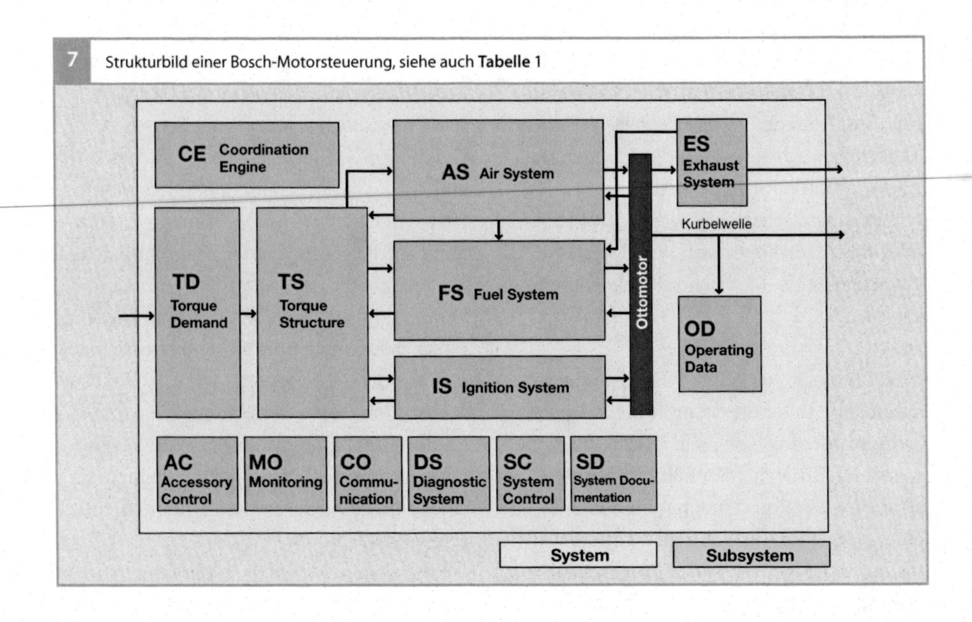

7 Strukturbild einer Bosch-Motorsteuerung, siehe auch **Tabelle** 1

Tabelle 1
Subsysteme und Hauptfunktionen einer Bosch-Motorsteuerung

Abkürzung	Englische Bezeichnung	Deutsche Bezeichnung
ABB	Air System Brake Booster	Bremskraftverstärkersteuerung
ABC	Air System Boost Control	Ladedrucksteuerung
AC	Accessory Control	Nebenaggregatesteuerung
ACA	Accessory Control Air Condition	Klimasteuerung
ACE	Accessory Control Electrical Machines	Steuerung elektrische Aggregate
ACF	Accessory Control Fan Control	Lüftersteuerung
ACS	Accessory Control Steering	Ansteuerung Lenkhilfepumpe
ACT	Accessory Control Thermal Management	Thermomanagement
ADC	Air System Determination of Charge	Luftfüllungsberechnung
AEC	Air System Exhaust Gas Recirculation	Abgasrückführungssteuerung
AIC	Air System Intake Manifold Control	Saugrohrsteuerung
AS	Air System	Luftsystem
ATC	Air System Throttle Control	Drosselklappensteuerung
AVC	Air System Valve Control	Ventilsteuerung
CE	Coordination Engine	Koordination Motorbetriebszustände und -arten
CEM	Coordination Engine Operation	Koordination Motorbetriebsarten
CES	Coordination Engine States	Koordination Motorbetriebszustände
CO	Communication	Kommunikation
COS	Communication Security Access	Kommunikation Wegfahrsperre
COU	Communication User-Interface	Kommunikationsschnittstelle
COV	Communication Vehicle Interface	Datenbuskommunikation
DS	Diagnostic System	Diagnosesystem
DSM	Diagnostic System Manager	Diagnosesystemmanager
EAF	Exhaust System Air Fuel Control	λ-Regelung
ECT	Exhaust System Control of Temperature	Abgastemperaturregelung
EDM	Exhaust System Description and Modeling	Beschreibung und Modellierung Abgassystem
ENM	Exhaust System NO_x Main Catalyst	Regelung NO_x-Speicherkatalysator
ES	Exhaust System	Abgassystem
ETF	Exhaust System Three Way Front Catalyst	Regelung Dreiwegevorkatalysator
ETM	Exhaust System Main Catalyst	Regelung Dreiwegehauptkatalysator
FEL	Fuel System Evaporative Leak Detection	Tankleckerkennung
FFC	Fuel System Feed Forward Control	Kraftstoff-Vorsteuerung
FIT	Fuel System Injection Timing	Einspritzausgabe
FMA	Fuel System Mixture Adaptation	Gemischadaption

Abkürzung	Englische Bezeichnung	Deutsche Bezeichnung
FPC	Fuel Purge Control	Tankentlüftung
FS	Fuel System	Kraftstoffsystem
FSS	Fuel Supply System	Kraftstoffversorgungssystem
IGC	Ignition Control	Zündungssteuerung
IKC	Ignition Knock Control	Klopfregelung
IS	Ignition System	Zündsystem
MO	Monitoring	Überwachung
MOC	Microcontroller Monitoring	Rechnerüberwachung
MOF	Function Monitoring	Funktionsüberwachung
MOM	Monitoring Module	Überwachungsmodul
MOX	Extended Monitoring	Erweiterte Funktionsüberwachung
OBV	Operating Data Battery Voltage	Batteriespannungserfassung
OD	Operating Data	Betriebsdaten
OEP	Operating Data Engine Position Management	Erfassung Drehzahl und Winkel
OMI	Misfire Detection	Aussetzererkennung
OTM	Operating Data Temperature Measurement	Temperaturerfassung
OVS	Operating Data Vehicle Speed Control	Fahrgeschwindigkeitserfassung
SC	System Control	Systemsteuerung
SD	System Documentation	Systembeschreibung
SDE	System Documentation Engine Vehicle ECU	Systemdokumentation Motor, Fahrzeug, Motorsteuerung
SDL	System Documentation Libraries	Systemdokumentation Funktionsbibliotheken
SYC	System Control ECU	Systemsteuerung Motorsteuerung
TCD	Torque Coordination	Momentenkoordination
TCV	Torque Conversion	Momentenumsetzung
TD	Torque Demand	Momentenanforderung
TDA	Torque Demand Auxiliary Functions	Momentenanforderung Zusatzfunktionen
TDC	Torque Demand Cruise Control	Momentenanforderung Fahrgeschwindigkeitsregler
TDD	Torque Demand Driver	Fahrerwunschmoment
TDI	Torque Demand Idle Speed Control	Momentenanforderung Leerlaufdrehzahlregelung
TDS	Torque Demand Signal Conditioning	Momentenanforderung Signalaufbereitung
TMO	Torque Modeling	Motordrehmoment-Modell
TS	Torque Structure	Drehmomentenstruktur

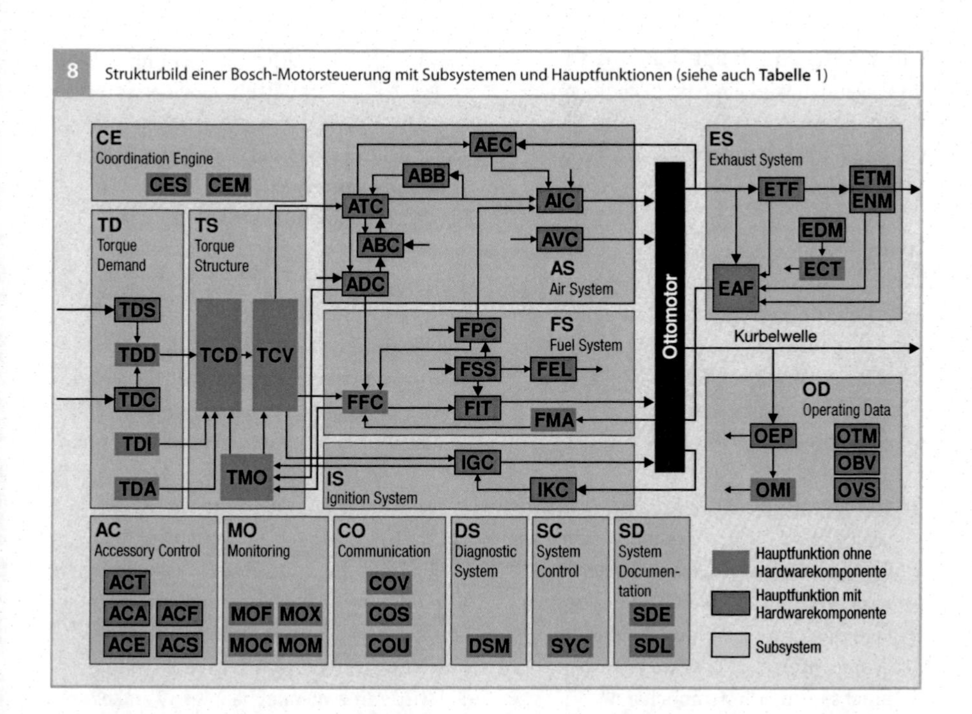

8 Strukturbild einer Bosch-Motorsteuerung mit Subsystemen und Hauptfunktionen (siehe auch **Tabelle** 1)

mit den verschiedenen Subsystemen. Die einzelnen Blöcke und Bezeichnungen (vgl. Tabelle 1) werden im Folgenden näher erläutert.

In Bild 7 ist die Motorsteuerung als System bezeichnet. Als Subsystem werden die verschiedenen Bereiche innerhalb des Systems bezeichnet. Einige Subsysteme sind im Steuergerät rein softwaretechnisch ausgebildet (z. B. die Drehmomentstruktur), andere Subsysteme enthalten auch Hardware-Komponenten (z. B. das Kraftstoffsystem mit den Einspritzventilen). Die Subsysteme sind durch definierte Schnittstellen miteinander verbunden.

Durch die Systemstruktur wird die Motorsteuerung aus der Sicht des funktionalen Ablaufs beschrieben. Das System umfasst das Steuergerät (mit Hardware und Software) sowie externe Komponenten (Aktoren, Sensoren und mechanische Komponenten), die mit dem Steuergerät elektrisch verbunden sein können. Die Systemstruktur (Bild 8) gliedert dieses System nach funktionalen Kriterien hierarchisch in 14 Subsysteme (z. B. Luftsystem, Kraftstoffsystem), die wiederum in ca. 70 Hauptfunktionen (z. B. Ladedruckregelung, λ-Regelung) unterteilt sind (Tabelle 1).

Seit Einführung der Drehmomentstruktur werden die Drehmomentanforderungen an den Motor in den Subsystemen *Torque Demand* und *Torque Structure* zentral koordiniert. Die Füllungssteuerung durch die elektrisch verstellbare Drosselklappe ermöglicht das Einstellen der vom Fahrer über das Fahrpedal vorgegebenen Drehmomentanforderung (Fahrerwunsch). Gleichzeitig können alle zusätzlichen Drehmomentanforderungen, die sich aus dem Fahrbetrieb ergeben (z. B. beim Zuschalten des Klimakompressors), in der Drehmomentstruktur koordiniert werden. Die Momentenkoordination ist mittlerweile so strukturiert, dass sowohl Benzin- als auch Dieselmotoren damit betrieben werden können.

Subsysteme und Hauptfunktionen

Im Folgenden wird ein Überblick über die wesentlichen Merkmale der in einer Motorsteuerung implementierten Hauptfunktionen gegeben.

System Documentation

Unter *System Documentation* (SD) sind die technischen Unterlagen zur Systembeschreibung zusammengefasst (z. B. Steuergerätebeschreibung, Motor- und Fahrzeugdaten sowie Konfigurationsbeschreibungen).

System Control

Im Subsystem *System Control* (SC, Systemsteuerung) sind die den Rechner steuernden Funktionen zusammengefasst. In der Hauptfunktion *System Control ECU* (SYC, Systemzustandssteuerung), werden die Zustände des Mikrocontrollers beschrieben:

- Initialisierung (Systemhochlauf),
- Running State (Normalzustand, hier werden die Hauptfunktionen abgearbeitet),
- Steuergerätenachlauf (z. B. für Lüfternachlauf oder Hardwaretest).

Coordination Engine

Im Subsystem *Coordination Engine (CE)* werden sowohl der Motorstatus als auch die Motor-Betriebsdaten koordiniert. Dies erfolgt an zentraler Stelle, da abhängig von dieser Koordination viele weitere Funktionalitäten im gesamten System der Motorsteuerung betroffen sind. Die Hauptfunktion *Coordination Engine States* (CES, Koordination Motorstatus), beinhaltet sowohl die verschiedenen Motorzustände wie Start, laufender Betrieb und abgestellter Motor als auch Koordinationsfunktionen für Start-Stopp-Systeme und zur Einspritzaktivierung (Schubabschalten, Wiedereinsetzen).

In der Hauptfunktion *Coordination Engine Operation* (CEM, Koordination Motorbetriebsdaten) werden die Betriebsarten für die Benzin-Direkteinspritzung koordiniert und umgeschaltet. Zur Bestimmung der Soll-Betriebsart werden die Anforderungen unterschiedlicher Funktionalitäten unter Berücksichtigung von festgelegten Prioritäten im Betriebsartenkoordinator koordiniert.

Torque Demand

In der betrachteten Systemstruktur werden alle Drehmomentanforderungen an den Motor konsequent auf Momentenebene koordiniert. Das Subsystem *Torque Demand (TD)* erfasst alle Drehmomentanforderungen und stellt sie dem Subsystem *Torque Structure (TS)* als Eingangsgrößen zur Verfügung (Bild 8).

Die Hauptfunktion *Torque Demand Signal Conditioning* (TDS, Momentenanforderung Signalaufbereitung), beinhaltet im Wesentlichen die Erfassung der Fahrpedalstellung. Sie wird mit zwei unabhängigen Winkelsensoren erfasst und in einen normierten Fahrpedalwinkel umgerechnet. Durch verschiedene Plausibilitätsprüfungen wird dabei sichergestellt, dass bei einem Einfachfehler der normierte Fahrpedalwinkel keine höheren Werte annehmen kann, als es der tatsächlichen Fahrpedalstellung entspricht.

Die Hauptfunktion *Torque Demand Driver* (TDD, Fahrerwunsch), berechnet aus der Fahrpedalstellung einen Sollwert für das Motordrehmoment. Darüber hinaus wird die Fahrpedalcharakteristik festgelegt.

Die Hauptfunktion *Torque Demand Cruise Control* (TDC, Fahrgeschwindigkeitsregler) hält die Geschwindigkeit des Fahrzeugs in Abhängigkeit von der über eine Bedieneinrichtung eingestellte Sollgeschwindigkeit bei nicht betätigtem Fahrpedal konstant, sofern dies im Rahmen des einstellbaren Motordrehmoments möglich ist. Zu den wichtigsten Abschaltbedingungen dieser Funktion zählen die Betätigung der „Aus-Taste" an der Bedieneinrichtung, die Betätigung von

Bremse oder Kupplung sowie die Unterschreitung der erforderlichen Minimalgeschwindigkeit.

Die Hauptfunktion *Torque Demand Idle Speed Control* (TDI, Leerlaufdrehzahlregelung) regelt die Drehzahl des Motors bei nicht betätigtem Fahrpedal auf die Leerlaufdrehzahl ein. Der Sollwert der Leerlaufdrehzahl wird so vorgegeben, dass stets ein stabiler und ruhiger Motorlauf gewährleistet ist. Dementsprechend wird der Sollwert bei bestimmten Betriebsbedingungen (z. B. bei kaltem Motor) gegenüber der Nennleerlaufdrehzahl erhöht. Erhöhungen sind auch zur Unterstützung des Katalysator-Heizens, zur Leistungssteigerung des Klimakompressors oder bei ungenügender Ladebilanz der Batterie möglich. Die Hauptfunktion *Torque Demand Auxiliary Functions* (TDA, Drehmomente intern) erzeugt interne Momentenbegrenzungen und -anforderungen (z. B. zur Drehzahlbegrenzung oder zur Dämpfung von Ruckelschwingungen).

Torque Structure

Im Subsystem *Torque Structure* (TS, Drehmomentstruktur, Bild 8) werden alle Drehmomentanforderungen koordiniert. Das Drehmoment wird dann vom Luft-, Kraftstoff- und Zündsystem eingestellt. Die Hauptfunktion *Torque Coordination* (TCD, Momentenkoordination) koordiniert alle Drehmomentanforderungen. Die verschiedenen Anforderungen (z. B. vom Fahrer oder von der Drehzahlbegrenzung) werden priorisiert und abhängig von der aktuellen Betriebsart in Drehmoment-Sollwerte für die Steuerpfade umgerechnet.

Die Hauptfunktion *Torque Conversion* (TCV, Momentenumsetzung), berechnet aus den Sollmoment-Eingangsgrößen die Sollwerte für die relative Luftmasse, das Luftverhältnis λ und den Zündwinkel sowie die Einspritzausblendung (z. B. für das Schubabschalten). Der Luftmassensollwert wird so berechnet, dass sich das geforderte Drehmoment des Motors in Abhängigkeit vom applizierten Luftverhältnis λ und dem applizierten Basiszündwinkel einstellt.

Die Hauptfunktion *Torque Modelling* (TMO, Momentenmodell Drehmoment) berechnet aus den aktuellen Werten für Füllung, Luftverhältnis λ, Zündwinkel, Reduzierstufe (bei Zylinderabschaltung) und Drehzahl ein theoretisch optimales indiziertes Drehmoment des Motors. Das indizierte Moment ist dabei das Drehmoment, das sich aufgrund des auf den Kolben wirkenden Gasdrucks ergibt. Das tatsächliche Moment ist aufgrund von Verlusten geringer als das indizierte Moment. Mittels einer Wirkungsgradkette wird ein indiziertes Ist-Drehmoment gebildet. Die Wirkungsgradkette beinhaltet drei verschiedene Wirkungsgrade: den Ausblendwirkungsgrad (proportional zu der Anzahl der befeuerten Zylinder), den Zündwinkelwirkungsgrad (ergibt sich aus der Verschiebung des Ist-Zündwinkels vom optimalen Zündwinkel) und den λ-Wirkungsgrad (ergibt sich aus der Wirkungsgradkennlinie als Funktion des Luftverhältnisses λ).

Air System

Im Subsystem *Air System* (AS, Luftsystem, Bild 8) wird die für das umzusetzende Moment benötigte Füllung eingestellt. Darüber hinaus sind Abgasrückführung, Ladedruckregelung, Saugrohrumschaltung, Ladungsbewegungssteuerung und Ventilsteuerung Teil des Luftsystems.

In der Hauptfunktion *Air System Throttle Control* (ATC, Drosselklappensteuerung) wird aus dem Soll-Luftmassenstrom die Sollposition für die Drosselklappe gebildet, die den in das Saugrohr einströmenden Luftmassenstrom bestimmt.

Die Hauptfunktion *Air System Determination of Charge* (ADC, Luftfüllungsberechnung) ermittelt mithilfe der zur Verfügung stehenden Lastsensoren die aus Frischluft und Inertgas bestehende Zylinderfüllung. Aus den Luftmassenströmen werden die Druckverhältnisse im Saugrohr mit einem Saugrohrdruckmodell modelliert.

Die Hauptfunktion *Air System Intake Manifold Control* (AIC, Saugrohrsteuerung) berechnet die Sollstellungen für die Saugrohr- und die Ladungsbewegungsklappe.

Der Unterdruck im Saugrohr ermöglicht die Abgasrückführung, die in der Hauptfunktion *Air System Exhaust Gas Recirculation* (AEC, Abgasrückführungssteuerung) berechnet und eingestellt wird.

Die Hauptfunktion *Air System Valve Control* (AVC, Ventilsteuerung) berechnet die Sollwerte für die Einlass- und die Auslassventilpositionen und stellt oder regelt diese ein. Dadurch kann die Menge des intern zurückgeführten Restgases beeinflusst werden.

Die Hauptfunktion *Air System Boost Control* (ABC, Ladedrucksteuerung) übernimmt die Berechnung des Ladedrucks für Motoren mit Abgasturboaufladung und stellt die Stellglieder für dieses System.

Motoren mit Benzin-Direkteinspritzung werden teilweise im unteren Lastbereich mit Schichtladung ungedrosselt gefahren. Im Saugrohr herrscht damit annähernd Umgebungsdruck. Die Hauptfunktion *Air System Brake Booster* (ABB, Bremskraftverstärkersteuerung) sorgt durch Anforderung einer Androsselung dafür, dass im Bremskraftverstärker immer ausreichend Unterdruck herrscht.

Fuel System

Im Subsystem *Fuel System* (FS, Kraftstoffsystem, Bild 8) werden kurbelwellensynchron die Ausgabegrößen für die Einspritzung berechnet, also die Zeitpunkte der Einspritzungen und die Menge des einzuspritzenden Kraftstoffs.

Die Hauptfunktion *Fuel System Feed Forward Control* (FFC, Kraftstoff-Vorsteuerung) berechnet die aus der Soll-Füllung, dem λ-Sollwert, additiven Korrekturen (z. B. Übergangskompensation) und multiplikativen Korrekturen (z. B. Korrekturen für Start, Warmlauf und Wiedereinsetzen) die Soll-Kraftstoffmasse. Weitere Korrekturen kommen von der λ-Regelung, der Tankentlüftung und der Luft-Kraftstoff-Gemischadaption. Bei Systemen mit Benzin-Direkteinspritzung werden für die Betriebsarten spezifische Werte berechnet (z. B. Einspritzung in den Ansaugtakt oder in den Verdichtungstakt, Mehrfacheinspritzung).

Die Hauptfunktion *Fuel System Injection Timing* (FIT, Einspritzausgabe) berechnet die Einspritzdauer und die Kurbelwinkelposition der Einspritzung und sorgt für die winkelsynchrone Ansteuerung der Einspritzventile. Die Einspritzzeit wird auf der Basis der zuvor berechneten Kraftstoffmasse und Zustandsgrößen (z. B. Saugrohrdruck, Batteriespannung, Raildruck, Brennraumdruck) berechnet.

Die Hauptfunktion *Fuel System Mixture Adaptation* (FMA, Gemischadaption), verbessert die Vorsteuergenauigkeit des λ-Werts durch Adaption längerfristiger Abweichungen des λ-Reglers vom Neutralwert. Bei kleinen Füllungen wird aus der Abweichung des λ-Reglers ein additiver Korrekturterm gebildet, der bei Systemen mit Heißfilm-Luftmassenmesser (HFM) in der Regel kleine Saugrohrleckagen widerspiegelt oder bei Systemen mit Saugrohrdrucksensor den Restgas- und den Offset-Fehler des Drucksensors ausgleicht. Bei größeren Füllungen wird ein multiplikativer Korrekturfaktor ermittelt, der im Wesentlichen Steigungsfehler des Heißfilm-Luftmassenmessers, Abweichungen des Raildruckreglers (bei Systemen mit Direkteinspritzung) und Kennlinien-Steigungsfehler der Einspritzventile repräsentiert.

Die Hauptfunktion *Fuel Supply System* (FSS, Kraftstoffversorgungssystem) hat die Aufgabe, den Kraftstoff aus dem Kraftstoffbehälter in der geforderten Menge und mit dem vorgegebenen Druck in das Kraftstoffverteilerrohr zu fördern. Der Druck kann bei bedarfsgesteuerten Systemen zwischen 200 und 600 kPa geregelt werden, die Rückmeldung des Ist-Werts geschieht über einen Drucksensor. Bei der Benzin-Direkteinspritzung enthält das Kraftstoffversorgungssystem zusätzlich einen Hochdruckkreis mit der Hochdruckpumpe und dem Drucksteuerventil oder der bedarfsgesteuerten Hochdruckpumpe mit Mengensteuerventil. Damit kann im Hochdruckkreis der Druck abhängig vom Betriebspunkt variabel zwischen 3 und 20 MPa geregelt werden. Die Sollwertvorgabe wird betriebspunktabhängig berechnet, der Ist-Druck über einen Hochdrucksensor erfasst.

Die Hauptfunktion *Fuel System Purge Control* (FPC, Tankentlüftung) steuert während des Motorbetriebs die Regeneration des im Tank verdampften und im Aktivkohlebehälter des Kraftstoffverdunstungs-Rückhaltesystems gesammelten Kraftstoffs. Basierend auf dem ausgegebenen Tastverhältnis zur Ansteuerung des Tankentlüftungsventils und den Druckverhältnissen wird ein Istwert für den Gesamt-Massenstrom über das Ventil berechnet, der in der Drosselklappensteuerung (ATC) berücksichtigt wird. Ebenso wird ein Ist-Kraftstoffanteil ausgerechnet, der von der Soll-Kraftstoffmasse subtrahiert wird.

Die Hauptfunktion *Fuel System Evaporation Leakage Detection* (FEL, Tankleckerkennung) prüft die Dichtheit des Tanksystems gemäß der kalifornischen OBD-II-Gesetzgebung.

Ignition System

Im *Subsystem Ignition System* (IS, Zündsystem, Bild 8) werden die Ausgabegrößen für die Zündung berechnet und die Zündspulen angesteuert.

Die Hauptfunktion *Ignition Control* (IGC, Zündung) ermittelt aus den Betriebsbedingungen des Motors und unter Berücksichtigung von Eingriffen aus der Momentenstruktur den aktuellen Soll-Zündwinkel und erzeugt zum gewünschten Zeitpunkt einen Zündfunken an der Zündkerze. Der resultierende Zündwinkel wird aus dem Grundzündwinkel und betriebspunktabhängigen Zündwinkelkorrekturen und Anforderungen berechnet. Bei der Bestimmung des drehzahl- und lastabhängigen Grundzündwinkels wird – falls vorhanden – auch der Einfluss einer Nockenwellenverstellung, einer Ladungsbewegungsklappe, einer Zylinderbankaufteilung sowie spezieller BDE-Betriebsarten berücksichtigt. Zur Berechnung des frühest möglichen Zündwinkels wird der Grundzündwinkel mit den Verstellwinkeln für Motorwarmlauf, Klopfregelung und – falls vorhanden – Abgasrückführung korrigiert. Aus dem aktuellen Zündwinkel und der notwendigen Ladezeit der Zündspule wird der Einschaltzeitpunkt der Zündungsendstufe berechnet und entsprechend angesteuert.

Die Hauptfunktion *Ignition System Knock Control* (IKC, Klopfregelung) betreibt den Motor wirkungsgradoptimiert an der Klopfgrenze, verhindert aber motorschädigendes Klopfen. Der Verbrennungsvorgang in allen Zylindern wird mittels Klopfsensoren überwacht. Das erfasste Körperschallsignal der Sensoren wird mit einem Referenzpegel verglichen, der über einen Tiefpass zylinderselektiv aus den letzten Verbrennungen gebildet wird. Der Referenzpegel stellt damit das Hintergrundgeräusch des Motors für den klopffreien Betrieb dar. Aus dem Vergleich lässt sich ableiten, um wie viel lauter die aktuelle Verbrennung gegenüber dem Hintergrundgeräusch war. Ab einer bestimmten Schwelle wird Klopfen erkannt. Sowohl bei der Referenzpegelberechnung als auch bei der Klopferkennung können geänderte Betriebsbedingungen (Motordrehzahl, Drehzahldynamik, Lastdynamik) berücksichtigt werden. Die Klopfregelung gibt – für jeden einzelnen Zylinder – einen Differenzzündwinkel zur Spätverstellung aus, der bei der Berechnung des aktuellen Zündwinkels berücksichtigt wird. Bei einer erkannten klopfenden Verbrennung wird dieser Differenzzündwinkel um einen applizierbaren Betrag vergrößert. Die Zündwinkel-Spätverstellung wird anschließend in kleinen Schritten wieder zurückgenommen, wenn über einen applizierbaren Zeitraum keine klopfende Verbrennung auftritt. Bei einem erkannten Fehler in der Hardware wird eine Sicherheitsmaßnahme (Sicherheitsspätverstellung) aktiviert.

Exhaust System

Das Subsystem *Exhaust System* (ES, Abgassystem) greift in die Luft-Kraftstoff-Gemischbildung ein, stellt dabei das Luftverhältnis λ ein und steuert den Füllzustand der Katalysatoren.

Die Hauptaufgaben der Hauptfunktion *Exhaust System Description and Modelling* (EDM, Beschreibung und Modellierung des Abgassystems) sind vornehmlich die Modellierung physikalischer Größen im Abgastrakt, die Signalauswertung und die Diagnose der Abgastemperatursensoren (sofern vorhanden) sowie die Bereitstellung von Kenngrößen des Abgassystems für die Testerausgabe. Die physikalischen Größen, die modelliert werden, sind Temperatur (z. B. für Bauteileschutz), Druck (primär für Restgaserfassung) und Massenstrom (für λ-Regelung und Katalysatordiagnose). Daneben wird das Luftverhältnis des Abgases bestimmt (für NO_x-Speicherkatalysator-Steuerung und -Diagnose).

Das Ziel der Hauptfunktion *Exhaust System Air Fuel Control* (EAF, λ-Regelung) mit der λ-Sonde vor dem Vorkatalysator ist, das λ auf einen vorgegebenen Sollwert zu regeln, um Schadstoffe zu minimieren, Drehmomentschwankungen zu vermeiden und die Magerlaufgrenze einzuhalten. Die Eingangssignale aus der λ-Sonde hinter dem Hauptkatalysator erlauben eine weitere Minimierung der Emissionen.

Die Hauptfunktion *Exhaust System Three-Way Front Catalyst* (ETF, Steuerung und Regelung des Dreiwegevorkatalysators) verwendet die λ-Sonde hinter dem Vorkatalysator (sofern vorhanden). Deren Signal dient als Grundlage für die Führungsregelung und Katalysatordiagnose. Diese Führungsregelung kann die Luft-Kraftstoff-Gemischregelung wesentlich verbessern und damit ein bestmögliches Konvertierungsverhalten des Katalysators ermöglichen.

Die Hauptfunktion *Exhaust System Three-Way Main Catalyst* (ETM, Steuerung und Regelung des Dreiwegehauptkatalysators) arbeitet im Wesentlichen gleich wie die zuvor beschriebene Hauptfunktion ETF. Die Führungsregelung wird dabei an die jeweilige Katalysatorkonfiguration angepasst.

Die Hauptfunktion *Exhaust System NO_x Main Catalyst* (ENM, Steuerung und Regelung des NO_x-Speicherkatalysators) hat bei Systemen mit Magerbetrieb und NO_x-Speicherkatalysator die Aufgabe, die NO_x-Emissionsvorgaben durch eine an die Erfordernisse des Speicherkatalysators angepasste Regelung des Luft-Kraftstoff-Gemischs einzuhalten.

In Abhängigkeit vom Zustand des Katalysators wird die NO_x-Einspeicherphase beendet und in einen Motorbetrieb mit $\lambda < 1$ übergegangen, der den NO_x-Speicher leert und die gespeicherten NO_x-Emissionen zu N_2 umsetzt.

Die Regenerierung des NO_x-Speicherkatalysators wird in Abhängigkeit vom Sprungsignal der Sonde hinter dem NO_x-Speicherkatalysator beendet. Bei Systemen mit NO_x-Speicherkatalysator sorgt das Umschalten in einen speziellen Modus für die Entschwefelung des Katalysators.

Die Hauptfunktion *Exhaust System Con-*

trol of Temperature (ECT, Abgastemperaturregelung) steuert die Temperatur des Abgastrakts mit dem Ziel, das Aufheizen der Katalysatoren nach dem Motorstart zu beschleunigen, das Auskühlen der Katalysatoren im Betrieb zu verhindern, den NO_x-Speicherkatalysator (falls vorhanden) für die Entschwefelung aufzuheizen und eine thermische Schädigung der Komponenten im Abgassystem zu verhindern. Die Temperaturerhöhung wird z. B. durch eine Verstellung des Zündwinkels in Richtung spät vorgenommen. Im Leerlauf kann der Wärmestrom auch durch eine Anhebung der Leerlaufdrehzahl erhöht werden.

Operating Data

Im Subsystem *Operating Data* (OD, Betriebsdaten) werden alle für den Motorbetrieb wichtigen Betriebsparameter erfasst, plausibilisiert und gegebenenfalls Ersatzwerte bereitgestellt.

Die Hauptfunktion *Operating Data Engine Position Management* (OEP, Winkel- und Drehzahlerfassung) berechnet aus den aufbereiteten Eingangssignalen des Kurbelwellen- und Nockenwellensensors die Position der Kurbel- und der Nockenwelle. Aus diesen Informationen wird die Motordrehzahl berechnet. Aufgrund der Bezugsmarke auf dem Kurbelwellengeberrad (zwei fehlende Zähne) und der Charakteristik des Nockenwellensignals erfolgt die Synchronisation zwischen der Motorposition und dem Steuergerät sowie die Überwachung der Synchronisation im laufenden Betrieb. Zur Optimierung der Startzeit wird das Muster des Nockenwellensignals und die Motorabstellposition ausgewertet. Dadurch ist eine schnelle Synchronisation möglich.

Die Hauptfunktion *Operating Data Temperature Measurement* (OTM, Temperaturerfassung) verarbeitet die von Temperatursensoren zur Verfügung gestellten Messsignale, führt eine Plausibilisierung durch und stellt im Fehlerfall Ersatzwerte bereit. Neben der Motor- und der Ansauglufttemperatur werden optional auch die Umgebungstemperatur und die Motoröltemperatur erfasst. Mit anschließender Kennlinienumrechnung wird den eingelesenen Spannungswerten ein Temperaturmesswert zugewiesen.

Die Hauptfunktion *Operating Data Battery Voltage* (OBV, Batteriespannungserfassung) ist für die Bereitstellung der Versorgungsspannungssignale und deren Diagnose zuständig. Die Erfassung des Rohsignals erfolgt über die Klemme 15 und gegebenenfalls über das Hauptrelais.

Die Hauptfunktion *Misfire Detection Irregular Running* (OMI, Aussetzererkennung) überwacht den Motor auf Zünd- und Verbrennungsaussetzer.

Die Hauptfunktion *Operating Data Vehicle Speed* (OVS, Erfassung Fahrzeuggeschwindigkeit) ist für die Erfassung, Aufbereitung und Diagnose des Fahrgeschwindigkeitssignals zuständig. Diese Größe wird u. a. für die Fahrgeschwindigkeitsregelung, die Geschwindigkeitsbegrenzung und beim Handschalter für die Gangerkennung benötigt. Je nach Konfiguration besteht die Möglichkeit, die vom Kombiinstrument bzw. vom ABS- oder vom ESP-Steuergerät über den CAN gelieferten Größen zu verwenden.

Communication

Im Subsystem *Communication (CO, Kommunikation)* werden sämtliche Motorsteuerungs-Hauptfunktionen zusammengefasst, die mit anderen Systemen kommunizieren.

Die Hauptfunktion *Communication User Interface* (COU, Kommunikationsschnittstelle) stellt die Verbindung mit Diagnose- (z. B. Motortester) und Applikationsgeräten her. Die Kommunikation erfolgt über die CAN-Schnittstelle oder die K-Leitung. Für die verschiedenen Anwendungen stehen unterschiedliche Kommunikationsprotokolle zur Verfügung (z. B. KWP 2000, McMess).

Die Hauptfunktion *Communication Vehicle Interface* (COV, Datenbuskommunikation) stellt die Kommunikation mit anderen Steuergeräten, Sensoren und Aktoren sicher.

Die Hauptfunktion *Communication Security Access (COS, Kommunikation Wegfahrsperre)* baut die Kommunikation mit der Wegfahrsperre auf und ermöglicht – optional – die Zugriffssteuerung für eine Umprogrammierung des Flash-EPROM.

Accessory Control

Das Subsystem *Accessory Control* (AC) steuert die Nebenaggregate.

Die Hauptfunktion *Accessory Control Air Condition* (ACA, Klimasteuerung) regelt die Ansteuerung des Klimakompressors und wertet das Signal des Drucksensors in der Klimaanlage aus. Der Klimakompressor wird eingeschaltet, wenn z. B. über einen Schalter eine Anforderung vom Fahrer oder vom Klimasteuergerät vorliegt. Dieses meldet der Motorsteuerung, dass der Klimakompressor eingeschaltet werden soll. Kurze Zeit danach wird er eingeschaltet und der Leistungsbedarf des Klimakompressors wird durch die Drehmomentstruktur bei der Bestimmung des Soll-Drehmoments des Motors berücksichtigt.

Die Hauptfunktion *Accessory Control Fan Control* (ACF, Lüftersteuerung) steuert den Lüfter bedarfsgerecht an und erkennt Fehler am Lüfter und an der Ansteuerung. Wenn der Motor nicht läuft, kann es bei Bedarf einen Lüfternachlauf geben.

Die Hauptfunktion *Accessory Control Thermal Management* (ACT, Thermomanagement) regelt die Motortemperatur in Abhängigkeit des Betriebszustands des Motors. Die Soll-Motortemperatur wird in Abhängigkeit der Motorleistung, der Fahrgeschwindigkeit, des Betriebszustands des Motors und der Umgebungstemperatur ermittelt, damit der Motor schneller seine Betriebstemperatur erreicht und dann ausreichend gekühlt wird. In Abhängigkeit des Sollwerts wird der Kühlmittelvolumenstrom durch den Kühler berechnet und z. B. ein Kennfeldthermostat angesteuert.

Die Hauptfunktion *Accessory Control Electrical Machines* (ACE) ist für die Ansteuerung der elektrischen Aggregate (Starter, Generator) zuständig.

Aufgabe der Hauptfunktion *Accessory Control Steering* (ACS) ist die Ansteuerung der Lenkhilfepumpe.

Monitoring

Das Subsystem *Monitoring* (MO) dient zur Überwachung des Motorsteuergeräts.

Die Hauptfunktion *Function Monitoring* (MOF, Funktionsüberwachung) überwacht alle drehmoment- und drehzahlbestimmenden Elemente der Motorsteuerung. Zentraler Bestandteil ist der Momentenvergleich, der das aus dem Fahrerwunsch errechnete zulässige Moment mit dem aus den Motorgrößen berechneten Ist-Moment vergleicht. Bei zu großem Ist-Moment wird durch geeignete Maßnahmen ein beherrschbarer Zustand sichergestellt.

In der Hauptfunktion *Monitoring Module* (MOM, Überwachungsmodul) sind alle Überwachungsfunktionen zusammengefasst, die zur gegenseitigen Überwachung von Funktionsrechner und Überwachungsmodul beitragen oder diese ausführen. Funktionsrechner und Überwachungsmodul sind Bestandteil des Steuergeräts. Ihre gegenseitige Überwachung erfolgt durch eine ständige Frage-und-Antwort-Kommunikation.

In der Hauptfunktion *Microcontroller Monitoring* (MOC, Rechnerüberwachung) sind alle Überwachungsfunktionen zusammengefasst, die einen Defekt oder eine Fehlfunktion des Rechnerkerns mit Peripherie erkennen können. Beispiele hierfür sind:

- Analog-Digital-Wandler-Test,
- Speichertest für RAM und ROM,

- Programmablaufkontrolle,
- Befehlstest.

Die Hauptfunktion *Extended Monitoring* (MOX) beinhaltet Funktionen zur erweiterten Funktionsüberwachung. Diese legen das plausible Maximaldrehmoment fest, das der Motor abgeben kann.

Diagnostic System
Die Komponenten- sowie System-Diagnose wird in den Hauptfunktionen der Subsysteme durchgeführt. Das *Diagnostic System* (DS, Diagnosesystem) übernimmt die Koordination der verschiedenen Diagnoseergebnisse.

Aufgabe des *Diagnostic System Manager* (DSM) ist es,
- die Fehler zusammen mit den Umweltbedingungen zu speichern,
- die Motorkontrollleuchte anzusteuern,
- die Testerkommunikation aufzubauen,
- den Ablauf der verschiedenen Diagnosefunktionen zu koordinieren (Prioritäten und Sperrbedingungen beachten) und Fehler zu bestätigen.

Softwarestruktur

Die funktionalen Anforderungen an die Motorsteuerung werden durch den Einsatz von Elektrik, Elektronik und Software realisiert. Die Software der Motorsteuerung setzt sich aus vielen Programmteilen zusammen. Die Struktur der Programmteile sowie das Zusammenspiel aller Funktionen werden durch die Software-Architektur festgelegt.

Anforderungen an die Software in der Motorsteuerung

Die Anforderungen an die Software in der Motorsteuerung sind sehr vielfältig (Tabelle 2). Viele Funktionen für den Motor müssen „echtzeitfähig" arbeiten, d. h., die Reaktion der Regelung muss garantiert mit dem physikalischen Prozess Schritt halten. Bei der Regelung sehr schneller physikalischer Prozesse, wie z. B. der Zündung und der Einspritzung muss die Berechnung daher sehr schnell erfolgen. Auch die Anforderungen an die Zuverlässigkeit sind in vielen Bereichen sehr hoch. Besonders gilt dies für sicherheitsrelevante Funktionen wie die elektrische Drosselklappe. Eine komplexe Diagnose überwacht die Software und die Elektronik.

Die Software ist für die entsprechenden Anwendungsfälle der Steuerung und Regelung von Verbrennungsmotoren entwickelt und in das Gesamtsystem eingebunden. Sie wird Embedded Software genannt. Die vielen Funktionen werden oft über einen langen Zeitraum hinweg an vielen Standorten der Welt entwickelt. Da elektronische Steuergeräte als Ersatzteile auch nach dem Produktionsende des Fahrzeugs zur Verfügung stehen müssen, hat die Software im Fahrzeug einen verhältnismäßig langen Lebenszyklus von bis zu 30 Jahren.

Die Software wird über die vielen Varianten eines Motors und Fahrzeugs hinweg eingesetzt. Sie muss dann an das entsprechende Zielsystem anpassbar sein. Dazu enthält sie Applikationsparameter und Kennfelder. Dies können mehrere 1 000 pro Motor sein. Vielfach sind diese Verstellgrößen voneinander abhängig.

Aus Kostengründen kommen in Steuergeräten häufig Mikrocontroller mit begrenzter Rechenleistung und begrenztem Speicherplatz zum Einsatz. Dies erfordert in vielen Fällen Optimierungsmaßnahmen in der Softwareentwicklung, um die erforderlichen Hardware-Ressourcen zu verringern.

Oft wird die Software im Kraftfahrzeug im Entwicklungsverbund entwickelt. Kennzeichnend sind hier die interdisziplinäre Zusammenarbeit (z. B. zwischen der Antriebs- und der Elektronikentwicklung) und die verteilte Entwicklung (z. B. zwischen Zulieferer und Fahrzeughersteller oder an verschiedenen Entwicklungsstandorten). Die aus diesen Anforderungen und Merkmalen resultierende Komplexität gilt es, im Entwicklungsverbund zwischen Fahrzeughersteller und Zulieferer wirtschaftlich zu beherrschen. Dabei muss ein Motorsteuergerät heute oft als vernetztes System im Gesamtfahrzeug betrachtet werden.

Software-Architektur

Eine Software-Architektur beschreibt die Struktur eines oder mehrerer Software-Produkte. Dies umfasst Software-Komponenten, deren nach außen hin sichtbaren Eigenschaften und die Beziehungen zwischen den Software-Komponenten.

Anforderungen an Software-Architekturen
Eine Software-Architektur leitet sich aus den funktionalen Anforderungen und den nicht-funktionalen Anforderungen („Qualities") an die Software-Produkte ab.

Funktionale Anforderungen
Die funktionalen Anforderungen an die Software-Architektur ergeben sich aus dem gewünschten funktionalen Verhalten der Software-Produkte. Dieses Verhalten wird in der Systemstruktur beschrieben und die Software-Architektur kann aus dieser Struktur abgeleitet werden.

Nicht-funktionale Anforderungen
Die nicht-funktionalen Anforderungen ergeben sich aus den gewünschten Eigenschaften der zu erstellenden Software-Produkte. Wesentliche nicht-funktionale Anforderungen sind:

- Wiederverwendbarkeit,
- Hardware-Unabhängigkeit,
- Hardware-Ressourcenverbrauch,
- Erweiterbarkeit,
- Wartbarkeit,
- Testbarkeit,
- Unterstützung von verteilter Entwicklung.

Architektursichten
Da es nicht möglich ist, alle Eigenschaften und Attribute der Software-Architektur in einer Sicht geeignet darzustellen, gibt es in der Software-Architektur den Ansatz, die Software-Architektur in verschiedenen Sichten darzustellen. Die wichtigsten Architektursichten sind:

Anforderungsbereich	Beispiele
Funktionale Anforderungen	Echtzeitfähigkeit durch schnelle Rechenzyklen Übertragung großer Datenmengen Hohe Zuverlässigkeit
Diagnoseanforderungen	Überwachung der sicherheitsrelevanten Funktionen Überwachung der umweltrelevanten Funktionen Diagnosefähigkeit in der Werkstatt
Wirtschaftliche Anforderungen	Wartbarkeit Wiederverwendbarkeit durch Anpassbarkeit Langer Lebenszyklus Speicher- und laufzeitoptimierter Code
Organisatorische Anforderungen	Weltweit verteilte Entwicklung

Tabelle 2
Wichtige Anforderungen an die Software in der Motorsteuerung

- statische Sicht (Bild 9),
- dynamische Sicht (Bild 10 und Bild 11),
- funktionale Sicht,
- Verteilungssicht (beschreibt die Verteilung von Software-Komponenten auf Steuergeräte),
- organisatorische Sicht.

Im Folgenden werden die statische und die dynamische Sicht näher beschrieben.

Statische Sicht

Die statische Sicht beinhaltet die Software-Komponenten, deren hierarchische Anordnung und ihre statischen Eigenschaften.

In der Software-Architektur der Motorsteuerung gibt es folgende übergeordnete Software-Komponenten (siehe Bild 9):

- Anwendungssoftware (ASW): Steuerungs- und Regelungsfunktionen,
- Anwendungssupervisor (ASV): überwachende und zentrale Software-Funktionen,
- Device Encapsulation (DE): Software-Funktionen zur Ansteuerung von Sensoren und Aktoren ohne echtzeitkritische Anforderungen,
- Complex Driver (CDrv): echtzeitkritische Software-Funktionen mit exklusivem Hardwarezugriff,
- Basis-Software (BSW): hardwarenahe Software-Funktionen.

Diese übergeordneten Software-Komponenten werden dann immer weiter aufgeteilt. Am Ende der Aufteilung stehen dann nicht mehr weiter aufteilbare Software-Komponenten, die sogenannten Software-Funktionen. Diese beinhalten ausführbaren Code. Die den Software-Funktionen übergeordneten strukturellen Software-Komponenten enthalten dagegen keinen ausführbaren Code und sind nur für den Entwicklungsprozess von Bedeutung.

9 Software-Architektur, statische Sicht

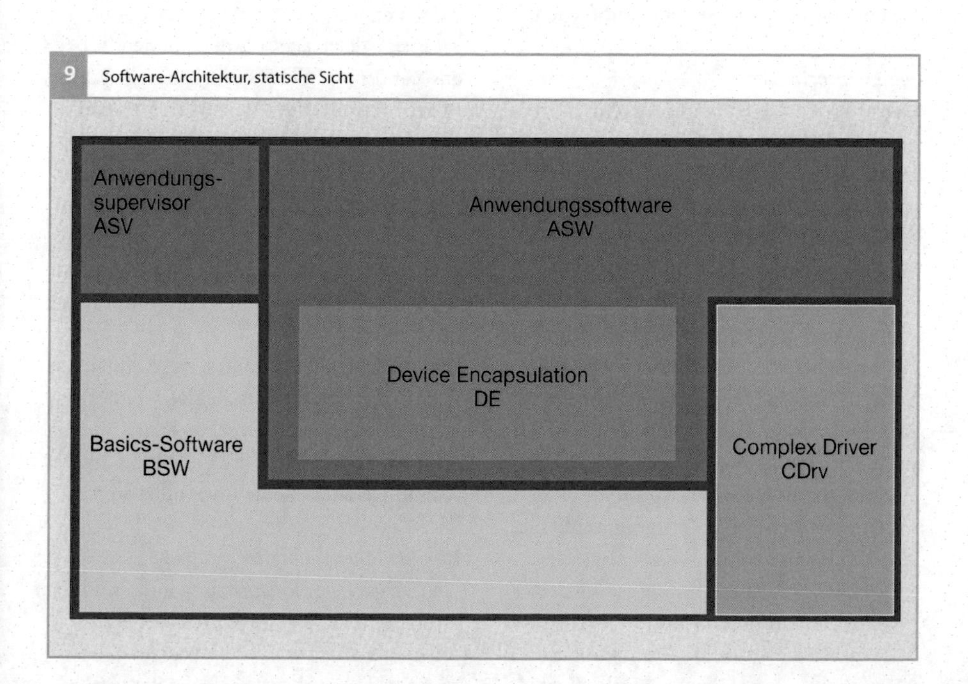

Dynamische Sicht
Die dynamische Sicht beschreibt die zeitlichen Abläufe und Abhängigkeiten in der Software. In der Motorsteuerungs-Software hat die dynamische Sicht eine besondere Ausprägung, da es keine fixen Aufrufsequenzen gibt wie in anderen Software Anwendungen.

Viele Regelungen der Motorsteuerung müssen echtzeitfähig sein. Eine echtzeitfähige Regelung muss garantiert innerhalb einer bestimmten Zeitspanne auf eine Anforderung reagieren. Daher müssen einige Steuer- und Regelvorgänge innerhalb kürzester Zeit ausgeführt werden. Zum Beispiel müssen die Einspritz- und Zündvorgänge selbst bei hohen Drehzahlen mit sehr hoher zeitlicher Genauigkeit ausgeführt werden. Bereits kleinste Abweichungen verringern die Motorleistung oder verschlechtern die Geräusch- und Schadstoffemissionen. Um die Echtzeitfähigkeit zu gewährleisten, werden die Programmteile im Steuergerät priorisiert. Sie können sich gegenseitig unterbrechen.

Funktionsprinzip
Der Mikrocontroller im Steuergerät führt einen Befehl nach dem anderen aus. Den Befehlscode holt er sich aus dem Programmspeicher. Die Dauer für das Einlesen des Befehls und die Befehlsausführung hängen vom eingesetzten Mikrocontroller und von der Taktfrequenz ab.

Aufgrund der begrenzten Abarbeitungsgeschwindigkeit des Programms wird eine Softwarestruktur benötigt, die dafür sorgt, dass zeitkritische Funktionen mit hoher Priorität abgearbeitet werden. Dabei kann ein Programm mit niedrigerer Priorität unterbrochen werden. Ist das Programm mit der höheren Priorität abgearbeitet, setzt der Mikrocontroller die Berechnung des niedriger priorisierten Programms fort.

Zum Beispiel muss das Programm der Motorsteuerung auf die Signale des Kurbelwellen-Drehzahlsensors, die in kurzen Abständen kommen, sehr schnell reagieren – je nach Drehzahl im Millisekundenbereich. Diese Signale muss das Steuergeräteprogramm mit hoher Priorität auswerten. Andere Funktionen, wie z. B. das Einlesen der Motortemperatur, haben keine hohe Dringlichkeit, da sich die physikalische Größe nur sehr langsam ändert.

Interruptsteuerung
Sobald ein Ereignis eintritt, auf das eine sehr schnelle Reaktion erforderlich ist, kann das laufende Programm mit der Interruptsteuerung des Mikrocontrollers unterbrochen werden. Das Programm springt daraufhin in die Interruptroutine und arbeitet diese ab. Nach Beendigung dieser Routine fährt das Programm wieder an der Stelle fort, an der es zuvor unterbrochen wurde (Bild 10). Ein Interrupt kann z. B. durch ein Signal von außen ausgelöst werden. Andere Interruptquellen sind im Mikrocontroller integrierte Zeitgeber, mit denen zeitgesteuerte Ausgangssignale erzeugt werden können (z. B. das Zündsignal: der Zündungsausgang des Mikrocontrollers wird zu einem im Voraus berechneten Zeitpunkt geschaltet). Der Zeitgeber kann auch interne Zeitraster generieren. Das Steuergeräteprogramm reagiert auf mehrere solcher Interrupts. Eine Interruptquelle kann somit einen Interrupt anfordern, während eine andere Interruptroutine gerade abgearbeitet wird. Hierzu ist jeder Interruptquelle eine Priorität fest zugeordnet. Die Prioritätssteuerung entscheidet, welcher Interrupt welchen unterbrechen kann. Bild 10 zeigt stark vereinfacht die Verteilung der Berechnungen durch eine Interruptsteuerung.

Kurbelwinkelsynchroner Interrupt
Die Ausgabe der Einspritzung und Zündung erfolgt innerhalb eines Kurbelwellenbereichs, abhängig vom entsprechenden berechneten Ausgabewert. Da die vorgegebe-

10 Prinzip der Verteilung und Priorisierung der Programmabarbeitung im Mikrocontroller

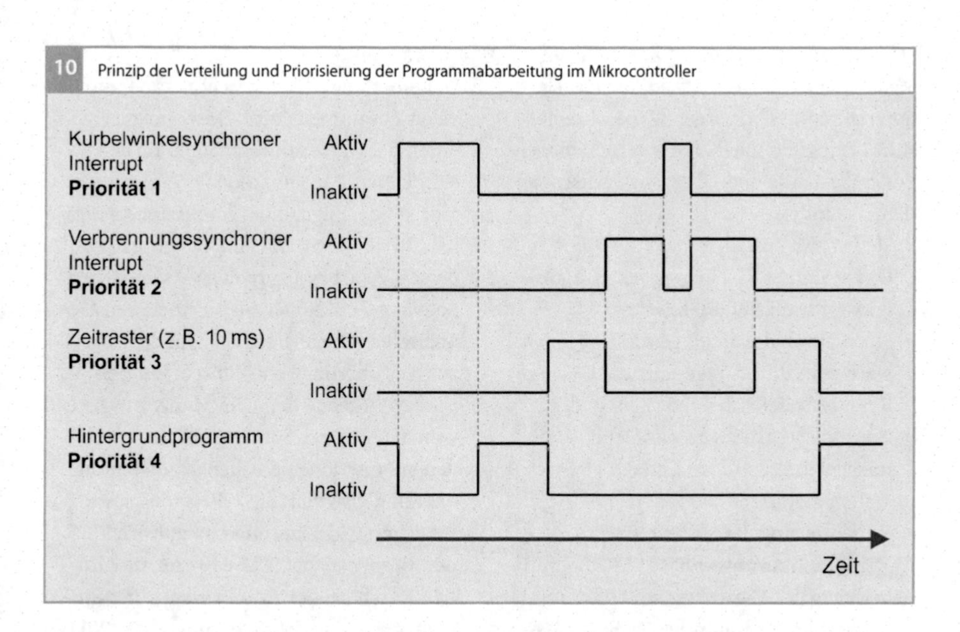

nen Einspritzzeiten und Zündwinkel sehr genau eingehalten werden müssen, wird die Ausgabe von einem Interrupt mit einer sehr hohen Priorität gesteuert.

Verbrennungssynchroner Interrupt

Einige Berechnungen müssen in jedem Verbrennungstakt durchgeführt werden. Zum Beispiel werden Zündwinkel und Einspritzung verbrennungssynchron für jeden Zylinder aktuell berechnet. Hierzu verzweigt das Programm in das „Synchroprogramm". Das Synchroprogramm ist an eine definierte Kurbelwinkelstellung des Motors gebunden und muss mit einer hohen Priorität abgearbeitet werden. Deshalb wird es über einen Interrupt aktiviert, der durch einen Befehl in der kurbelwinkelsynchronen Interruptroutine getriggert wird. Da das Synchroprogramm bei hohen Drehzahlen über mehrere Grad Kurbelwinkel läuft, muss es vom Kurbelwinkelsynchronen Interrupt unterbrochen werden können. Der kurbelwinkelsynchrone Interrupt erhält eine höhere Priorität als das Synchroprogramm.

Zeitraster

Für viele Regelalgorithmen ist es erforderlich, dass sie in einem festen Zeitraster ablaufen. Zum Beispiel muss die λ-Regelung in einem festen Raster (z. B. 10 ms) abgearbeitet werden, damit die Stellgrößen schnell genug berechnet werden.

Hintergrundprogramm

Alle übrigen Aktivitäten, die nicht in einer Interruptroutine oder in einem Zeitraster ablaufen, werden im Hintergrundprogramm abgearbeitet. Bei hohen Drehzahlen wird das Synchroprogramm und der kurbelwinkelsynchrone Interrupt häufig angesprungen, sodass für das Hintergrundprogramm wenig Rechenzeit bleibt. Die Zeitdauer für einen kompletten Durchlauf des Hintergrundprogramms steigt damit mit der Drehzahl stark an. In das Hintergrundprogramm dürfen deshalb nur Funktionen gelegt werden, für die keine hohe Priorität besteht, wie z. B. die Berechnung der Motortemperatur.

Darüber hinaus gibt es Zustandsautomaten in der Motorsteuerung, die z. B. den

Steuergeräte-Hochlauf, die Zustände des Steuergerätes im Fahrbetrieb und das Herunterfahren des Steuergerätes beschreiben. Bild 11 zeigt beispielhaft die verschiedenen Systemzustände und Übergänge zwischen den Zuständen:

- Steuergerät aus:
  Das Steuergerät ist ausgeschaltet. Hard- und Software sind inaktiv.
- Hochfahren des Steuergerätes:
  Nach dem Einschalten oder nach einem Reset befindet sich das System in der Boot-Phase. Hier wird das Steuergerät hochgefahren und am Ende das Betriebssystem gestartet.
- Initialisierung des Steuergerätes:
  Die Initialisierungs-Phase, d. h. die Initialisierung der Hardware und Software, erfolgt unter der Kontrolle des Betriebssystems.
- Zyklische Programmausführung:
  Nach der Initialisierungs-Phase beginnt die zyklische Programmausführung, d. h. der reguläre Ablauf der Steuergerätesoftware.
- Herunterfahren des Steuergerätes:
  In dieser Phase wird das Steuergerät heruntergefahren und nach Abschluss von Aufgaben, die von der dann aktiven Steuerung ohne Betriebssystemkontrolle ausgeführt werden, schließlich abgeschaltet.

Funktionale Sicht
Die funktionale Sicht beschreibt die funktionalen Zusammenhänge. Dies erfolgt z. B. durch die Darstellung der funktionalen Wirkketten. Eine funktionale Wirkkette beschreibt den Signalfluss eines Eingangssignals, in der Regel von einem Sensorsignal, dessen Verarbeitung in den verschiedenen Software-Funktionen bis zu einem oder mehreren Ausgangssignalen, in der Regel zur Ansteuerung von Aktoren. Ein Beispiel ist die Wirkkette der λ-Regelung. Ausgehend vom Signal der λ-Sonde erfolgt in verschiedenen Funktionen die Signalaufbereitung des Sondensignals, die λ-Regelung sowie die Berechnung der resultierenden Korrektur der Einspritzdauer. Diese Korrektur wird schließlich bei der Ansteuerdauer der Einspritzventile mit berücksichtigt. Die funktionale Sicht weist eine starke Übereinstimmung mit der Systemstruktur auf.

Architekturmechanismen
Architekturmechanismen sind Software-Mechanismen oder Muster von übergreifender Bedeutung. Beispiele für Architekturmechanismen sind:

- Schichtenmodelle,
- Variantenmechanismen,
- Konsistenzsicherung bei Lese- und Schreibzugriffen auf den Hauptspeicher,

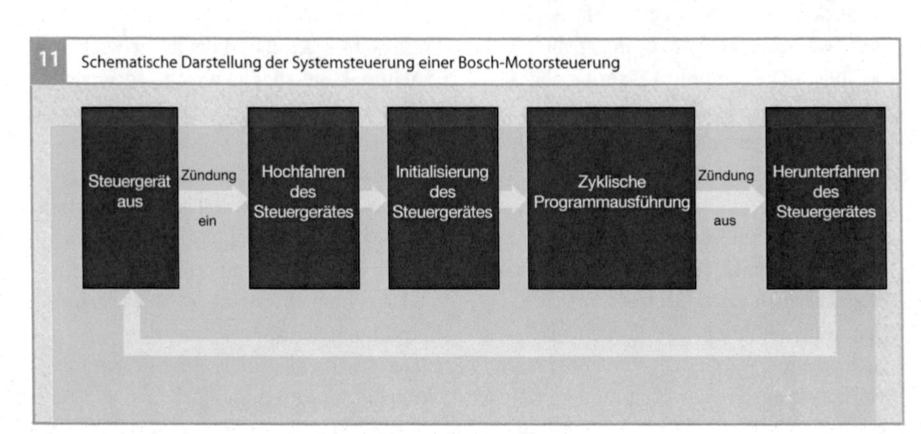

11 Schematische Darstellung der Systemsteuerung einer Bosch-Motorsteuerung

- zentrale Infrastrukturen der Software-Komponenten wie der Diagnose-Manager.

Im Folgenden werden einige dieser Architekturmechanismen näher beschrieben.

Schichtenmodell

Ein Schichtenmodell unterteilt die Software-Architektur in Schichten mit bestimmten Eigenschaften und Aufgaben. In der Motorsteuerung gibt es hierzu die Hardware Encapsulation (HWE), die Device Encapsulation (DE) und die Anwendungssoftware (ASW).

Die Hardware Encapsulation kapselt die Abhängigkeit der Anwendungssoftware von der konkreten Rechner-Hardware und erlaubt den Wechsel der Rechner-Hardware ohne die komplette Software-Architektur zu verändern. Nur die Hardware Encapsulation muss an eine neue Rechner-Hardware angepasst werden.

Die Device Encapsulation beinhaltet Software für Gerätetreiber. Diese kapselt Sensoren und Aktoren und erleichtert damit deren Austausch. In Bild 12 ist das Entwurfsmuster der Device Encapsulation für Sensoren dargestellt.

Die Anwendungssoftware beinhaltet die funktionale Logik des Software-Produkts und ist unabhängig von den im Software-Produkt verwendeten Sensoren, Aktoren und der Rechner-Hardware. Damit erhöht das Schichtenmodell die Wiederverwendbarkeit von Software-Komponenten in der Anwendungssoftware.

Variantenmechanismen

Variantenmechanismen ermöglichen den Umgang mit funktionalen Varianten in der

12 Schichtenmodell

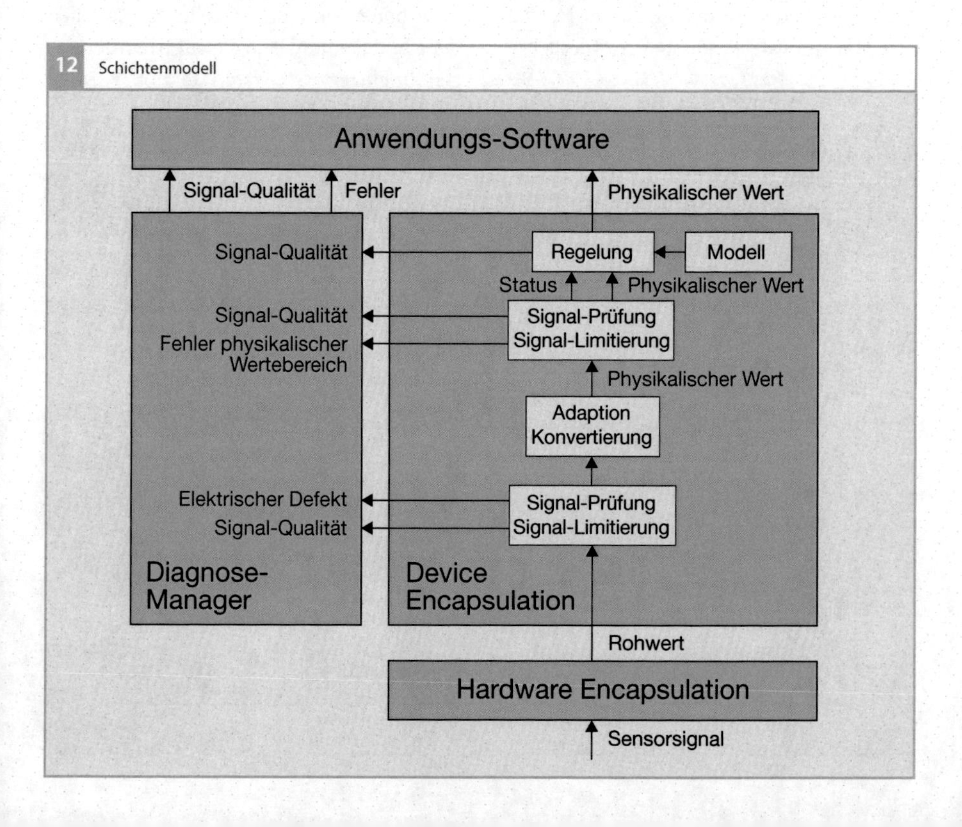

Software. Man unterscheidet dabei grundsätzlich die Varianz innerhalb von Software-Komponenten und Varianten von Software-Komponenten. In der Regel werden beide Arten über Schalter abgebildet.

So kann eine Software-Komponente einen internen Schalter besitzen, der es erlaubt, diese Software-Komponente in einem System mit und einem System ohne Turbolader zu verwenden. Oder es gibt zwei verschiedenen Ausprägungen dieser Software-Komponente. Der Schalter sitzt dann außerhalb dieser Software-Komponenten und wählt je nach System die passende Ausprägung der Software-Komponente aus.

Software-Architektur und Entwicklungsprozess

Der Software-Entwicklungsprozess regelt und steuert alle erforderlichen Aktivitäten, Arbeitsprodukte und Rollen, die zur Herstellung von Software-Produkten erforderlich sind.

Es gibt sehr unterschiedliche Darstellungen und Modelle für Software-Entwicklungsprozesse. Ein weitverbreitetes Modell, das auch für die Motorsteuerungs-Software-Entwicklung verwendet wird, ist das V-Modell (siehe Bild 13). Dabei sind auf der linken Seite des „V" die Prozessschritte zur Anforderungsanalyse, zum Entwurf und Design der Software sowie der Implementierung der Software angeordnet. Auf der rechten Seite des V sind die zugehörigen Testaktivitäten zur Validierung abgebildet.

Die Software-Architektur spielt im Software-Entwicklungsprozess eine tragende Rolle. Die Software-Architektur definiert die Menge der zur Verfügung stehenden Software-Komponenten, die Eigenschaften dieser Software-Komponenten wie z. B. deren Schnittstellen und die organisatorischen Zuständigkeiten für Software-Komponenten.

Sie bildet damit die Basis für das Aufteilen der Kundenanforderungen auf Anforderungen für einzelne Software-Funktionen. Au-

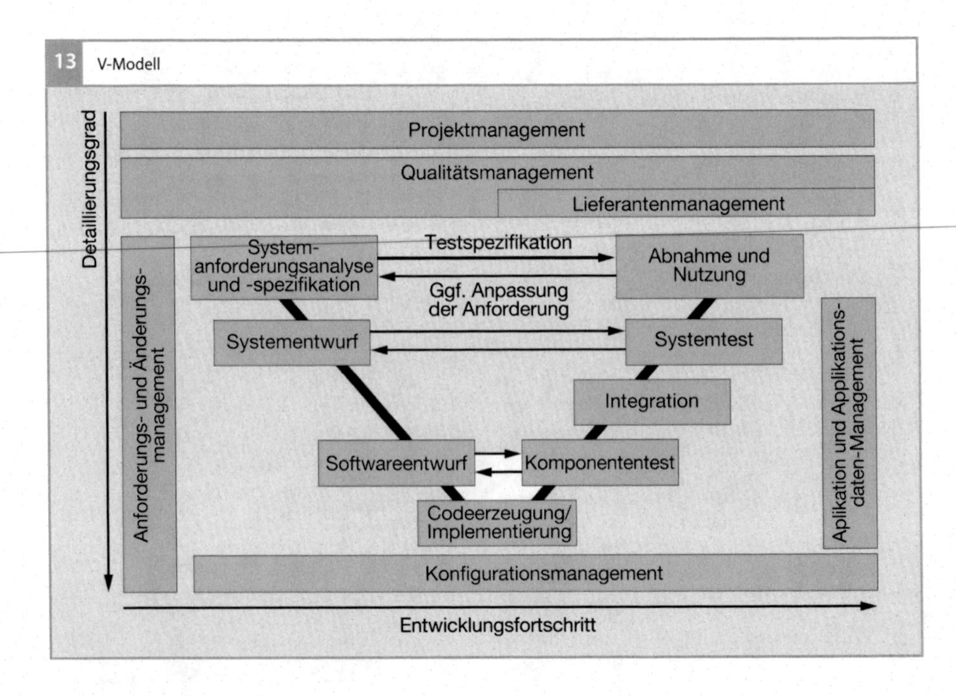

13 V-Modell

ßerdem stellt sie die Vorgaben für den Software-Entwurf zur Verfügung, z. B. welche Software-Komponenten müssen oder dürfen welche Schnittstellen bereitstellen oder nutzen. Ferner definiert sie, welche Software-Komponenten miteinander getestet werden müssen und gibt vor, in welcher Granularität Teilprodukte an die Produktintegration geliefert werden müssen.

AUTOSAR

Zur Modellierung von Architektursichten empfiehlt sich die Verwendung einer formalen und standardisierten Beschreibungssprache. Im Kraftfahrzeugbereich hat sich hier in den letzten Jahren die Automotive Open System Architecture (AUTOSAR) als Standard herausgebildet. Die AUTOSAR-Standardisierungsaktivität ist ein Zusammenschluss von Fahrzeugherstellern, Steuergeräteherstellern sowie Herstellern von Entwicklungswerkzeugen, Basissoftware (BSW) und Mikrocontrollern. Die wesentlichen Ziele von AUTOSAR sind:

- effizienter Software-Austausch zwischen Steuergeräten,
- Bereitstellung einer einheitlichen Software-Architektur,
- Definition einer Beschreibungssprache für das Verhalten und die Konfiguration von Softwarekomponenten in Steuergeräten.

Die AUTOSAR-Softwarearchitektur (Bild 14) unterscheidet im Wesentlichen zwischen der steuergeräteunabhängigen Anwendungssoftware (ASW), der steuergerätespezifischen Basissoftware (BSW) und dem AUTOSAR Runtime Environment (RTE). Dieses realisiert einerseits die Kommunikation zwischen den einzelnen Software-Komponenten der Anwendungssoftware und andererseits der Anwendungssoftware und der Basissoftware. Das Runtime Environment wird aus dem sogenannten Virtual Function Bus (VFB) per Konfiguration abgeleitet. Im Virtual Function Bus wird für

14 AUTOSAR-Softwarearchitektur

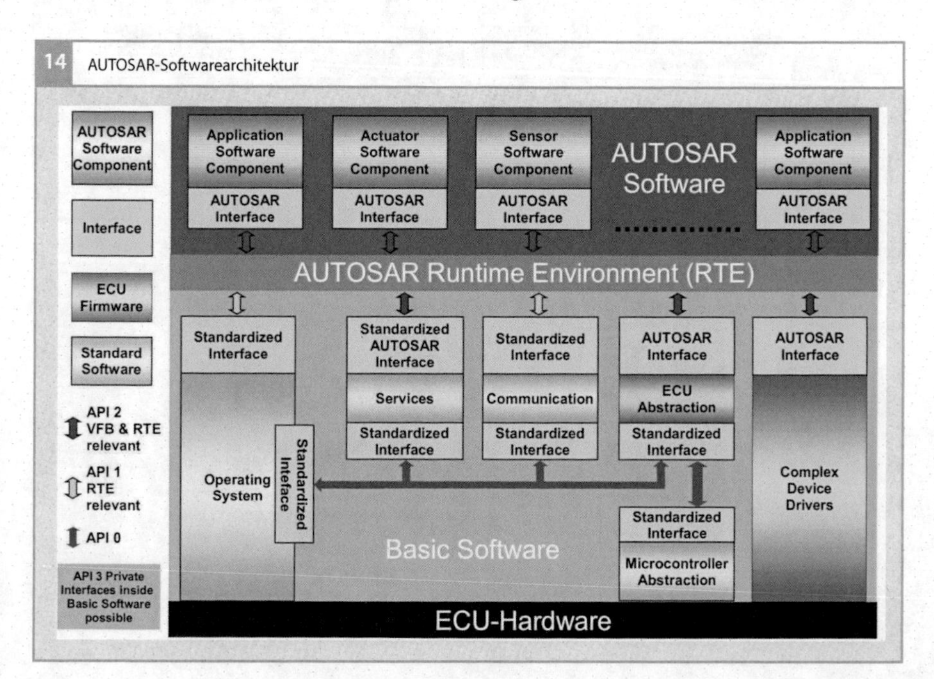

Bild 14
Es wurden die englischen Begriffe verwendet, um konform mit der Spezifikation zu sein.

ECU Steuergerät
API Programmierschnittstelle (Application Programming Interface)

den Steuergeräteverbund im Fahrzeug die Kommunikation zwischen den Software-Komponenten steuergeräteübergreifend modelliert (Bild 15). Basierend auf der Verteilung der Software-Komponenten auf die Steuergeräte wird dann daraus pro Steuergerät ein Runtime Environment generiert. Dieses Runtime Environment realisiert dann für die Software-Komponenten die Kommunikation mit anderen Software-Komponenten unabhängig davon, auf welchem Steuergerät sich diese Komponenten befinden.

Wie in Bild 16 schematisch dargestellt, realisiert das Runtime Environment sowohl die Steuergeräte interne Kommunikation zwischen Software-Komponenten, als auch die externe Kommunikation zwischen Software-Komponenten auf unterschiedlichen Steuergeräten über einen externen Bus (z. B. den CAN).

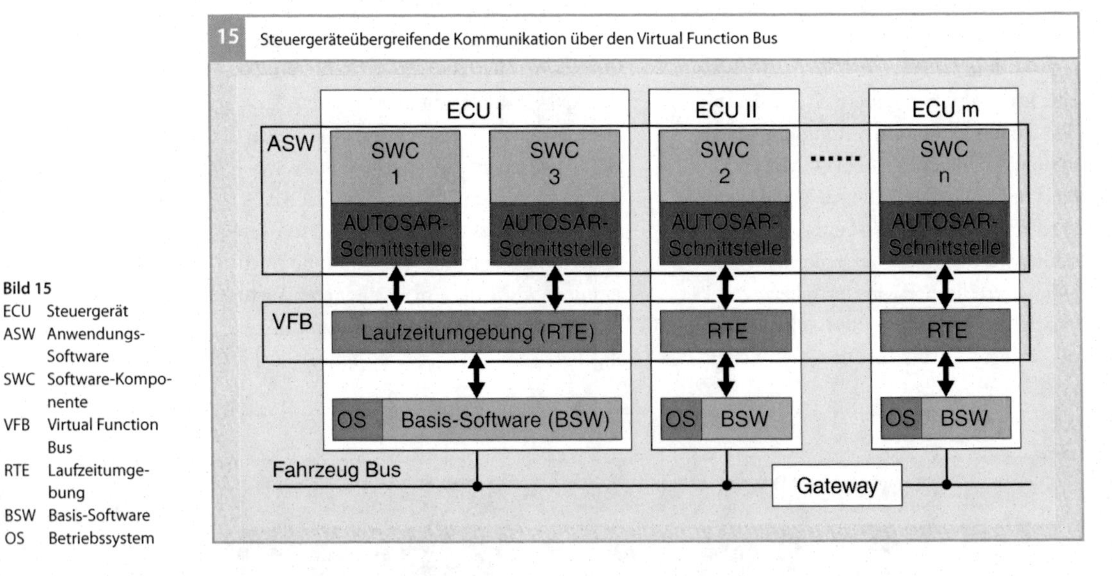

15 Steuergeräteübergreifende Kommunikation über den Virtual Function Bus

Bild 15
ECU Steuergerät
ASW Anwendungs-Software
SWC Software-Komponente
VFB Virtual Function Bus
RTE Laufzeitumgebung
BSW Basis-Software
OS Betriebssystem

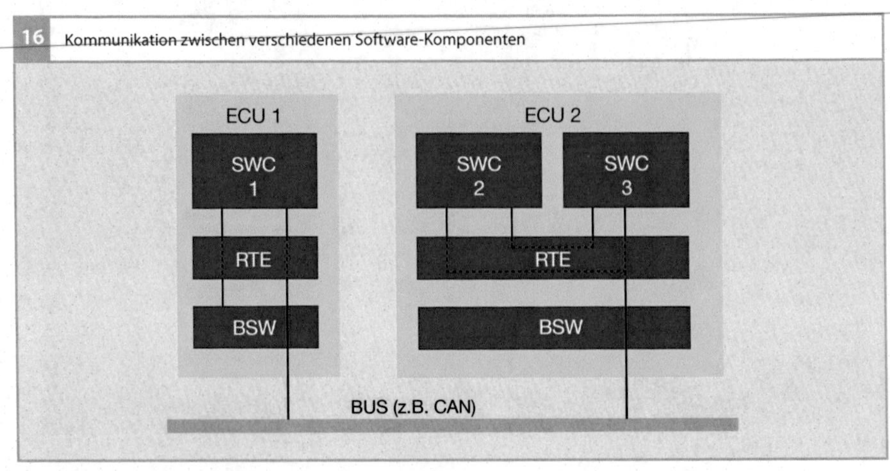

16 Kommunikation zwischen verschiedenen Software-Komponenten

Bild 16
ECU Steuergerät
SWC Software-Komponente
BSW Basis-Software

Steuergeräteapplikation

Die Architektur und die Funktionen der Motorsteuerung erhalten erst durch eine projektspezifisch (auf den jeweiligen Motor oder das jeweilige Fahrzeug) angepasste und optimierte Parametrierung die erforderlichen Eigenschaften zum optimalen Betrieb des Motors und des Fahrzeuges.

Optimal bedeutet in diesem Zusammenhang der beste Kompromiss zwischen minimalen Emissionen, minimalem Kraftstoffverbrauch und maximaler Leistungsfähigkeit unter Berücksichtigung der Betriebsgrenzen von Bauteilen und Komponenten. Dabei gibt es gesetzlich vorgeschriebene Grenzwerte für Schadstoffemissionen, Richtlinien für den Kraftstoffverbrauch sowie Herstellervorgaben für die Leistungsfähigkeit und die zulässige Belastung der Bauteile. Weil diese Ziele häufig durch ein gegensätzliches Verhalten charakterisiert sind, ist die wesentliche Aufgabe der Applikation die Festlegung des besten Kompromisses zwischen den genannten Anforderungen unter Berücksichtigung der jeweiligen Randbedingungen. Das Ergebnis des Parametriervorgangs ist somit ein ganz wesentlicher Bestandteil einer funktionierenden Motorsteuerungs-Software.

Die Gesamtheit von Parametrierung, Validierung dieser Parameter, Datenverwaltung sowie deren Freigabe bezeichnet man als Applikation.

Ablauf der Applikation

Der Arbeitsablauf einer Applikation kann entsprechend der üblichen Bearbeitungsreihenfolge wie folgt unterteilt werden:

- *Basisanpassung:* Grundanpassung von Komponenten, Rechenmodellen, Reglern und Sollwerten im stationären Motorbetrieb. Die Daten hierfür werden überwiegend mit Hilfe von Motorprüfstandsversuchen ermittelt.
- *Instationäranpassung:* Übertragung der im Motorprüfstandsbetrieb ermittelten Daten in das Fahrzeug und Anpassung des transienten Verhaltens, inklusive der Start-, Leerlauf,- Emissions- und Fahrverhaltensparametrierung.
- *Diagnose:* Parametrierung der Motorsteuerungs-Eigendiagnose, insbesondere bezüglich abgasrelevanter Fehler (On-Board-Diagnose, OBD).
- *Überwachung:* Applikation sicherheitsrelevanter Motorsteuerungs-Funktionen.
- *Freigabe:* Freigabe der parametrierten Motorsteuerungs-Software und der projektspezifischen Komponenten des Motorsteuerungs-Systems für den Betrieb im Serieneinsatz.

Überprüft werden die Gesamtheit aller Parameter und deren Zusammenspiel im Rahmen von Erprobungsfahrten, welche die Tauglichkeit des Gesamtsystems auch unter extremen Bedingungen, wie z. B. Hitze, Kälte und Höhe sicherstellen. Die Arbeitsumfänge können teilweise parallel abgearbeitet werden, bestimmte Aufgaben unterliegen jedoch einer definierten Reihenfolge.

Klassifizierung der Parametrierungsaufgaben

Die geeignete Methode für die Ermittlung der Funktions-Parameter hängt von der zu bearbeitenden Aufgabe und den Randbedingungen ab. Dabei können die Aufgabengruppen und die damit verbundenen Möglichkeiten zur Parametrierung wir folgt unterschieden werden, wobei hier kein Anspruch auf Vollständigkeit erhoben wird:

Komponentenparametrierung (Sensoren, Aktoren)

Es gibt einige Parameter, die bereits „am Schreibtisch" ermittelt werden können, bevor das reale System zur Verfügung steht.

Das sind etwa Sensorkennlinien, geometrische Größen oder Komponentendaten. Darunter fallen auch Parameter, die im Lauf der Entwicklung nicht mehr geändert werden dürfen, da sie die Betriebssicherheit bestimmter Komponenten gewährleisten.

Modellparametrierung (z. B. Füllungsmodell, Drehmoment-Modell etc.)
In der Motorsteuerung gibt es physikalisch basierte Modelle, aus denen Zustandsgrößen berechnet werden, die das System beschreiben. Das sind entweder Größen, die man prinzipbedingt nicht messen kann, oder Größen, auf deren Messung man aus wirtschaftlichen Gründen im Serienfahrzeug gern verzichten möchte. Zur Parametrierung dieser Modelle muss das System entsprechend vermessen werden, wobei die Systemantworten bei der Verstellung der Eingangsparameter erfasst werden. Aus diesem Ein-Ausgangs-Verhalten werden dann toolgestützt die Parameter ermittelt, mit denen sich das Modell im Motorsteuergerät möglichst genauso verhält wie das reale System.

Motoreinstellgrößen (Zündwinkel, Einspritzbeginn, Nockenwellenposition etc.)
Dieser Teil befasst sich mit der klassischen Motoroptimierung, d. h. dem Finden der optimalen Kombination aller Stellgrößen des Motors, wie z. B. Nockenwellenposition, Beginn der Einspritzung, Kraftstoffdruck, Zündwinkel etc. In der Vergangenheit konnten die optimalen Parameter durch eine Vollrasterung, d. h. durch Parametervariation in allen Betriebspunkten ermittelt werden. Mit zunehmender Anzahl an Stellparametern ist die Vollrasterung jedoch nicht mehr praktikabel, sodass man sich neuer Ansätze, wie der statistischen Versuchsplanung (Design of Experiments, wird weiter unten noch erklärt), bedient.

Vorsteuer- und Sollwerte (Verlaufsformungen, Startparameter etc.)
Hier sei als Beispiel die Applikation der Startparameter genannt. Der Motorstart ist nach wie vor ein rein gesteuerter Ablauf. Die dazu nötigen Sollwerte wie z. B. Zündwinkel, Drosselklappenwinkel, Kraftstoffmenge usw. werden in Startversuchen ermittelt, bei denen unter anderem Umgebungstemperatur und Luftdruck, aber auch unterschiedliche Kraftstoffqualitäten eingehen. Ziel ist hierbei, einen sicheren Start unter allen Umgebungsbedingungen bei möglichst geringen Schadstoffemissionen zu erreichen.

Reglerparametrierung (z. B. Leerlaufregelung, Ladedruckregelung, Klopfregelung etc.)
Die Anpassung der Reglerparameter für z. B. die Leerlaufregelung erfolgt durch Sprunganregungen, Schwingversuche und klassische Reglerauslegungsmethoden. Viele Regler in der Motorsteuerung stützen sich auf eine Vorsteuerung und regeln die Differenz zwischen dem Ist- und dem Sollwert aus.

Schwellwerte (Diagnoseschwellen, Umschaltungen, Hysteresen etc.)
Schwellwerte gibt es zum Beispiel im Bereich der Diagnosefunktionen. Hier werden während der Parametrierung definierte Grenzmuster oder Fehlerteile eingebaut oder Fehlerfälle simuliert. Die Schwellen werden dann so angepasst, dass ein gerade noch zulässiges Grenzmuster unterhalb der Auslöseschwelle bleibt, während ein fehlerhaftes Teil sicher als defekt erkannt und eingestuft wird.

Die eigentliche Applikationsarbeit wird durch eine Methoden- und Toolentwicklung unterstützt, die folgende Aufgaben verfolgt:
- Verringerung des Parametrieraufwandes,
- Reduktion der Anzahl benötigter Versuchsträger,

- Erhöhung des Systemverständnisses,
- Beherrschung der weiter steigenden Komplexität,
- ständige Verbesserung der Qualität.

Erst durch eine leistungsfähige Methoden- und Toolentwicklung können die Applikationsaufgaben trotz der ständigen Zunahme von Komplexität und Umfang der Motorsteuerungs-Funktionen in einem überschaubaren Zeitrahmen mit einer hohen Qualität bearbeitet werden.

Die Methoden- und Toolentwicklung unterstützt die Applikation mit Hilfsmitteln, welche den Bearbeiter von Routine-Aufgaben entlasten, ihn bei der Auswahl der optimalen Parameter unterstützen oder ihn durch die Verwendung angepasster Algorithmen in die Lage versetzen, komplexe Umfänge effizient bearbeiten zu können.

Neben den klassischen Applikationstools gibt es leistungsfähige Datenbanken zur Verwaltung der Applikationsdaten, mit deren Hilfe z. B. eine Erstbedatung oder eine Datenplausibilisierung erfolgen kann.

Applikationstools

Ein großer Anteil der Applikationsarbeiten erfolgt mit PC-gestützten Applikationstools (Bild 17). Dabei kann man zwei Arten unterscheiden. Es gibt grundlegende Applikationstools, die die Basisfunktionalitäten wie Messen, Verstellen und Vergleichen zur Verfügung stellen und es gibt Applikationstools, die anwendungs- oder funktionsbezogen arbeiten und eigene Algorithmen z. B. für die Optimierung einer Funktion beinhalten.

Für die grundlegenden Basisfunktionalitäten wird bei Bosch das Applikationstool INCA (Integrated Calibration and Acquisition System) verwendet. Es stellt umfassende Mess- und Kalibrierfunktionen sowie Werkzeuge für die Verwaltung von Applikationsparametern, für die Messdatenauswertung und für die Flash-Programmierung des Steuergeräts zur Verfügung. Eine integrierte Datenbank ermöglicht die einfache und schnelle Wiederverwendung von bereits erstellten Konfigurationen und Experimenten bei neuen Steuergeräteprojekten. Über offene Schnittstellen kann das Applikationstool INCA automatisiert und in den Prüfstand, das Hardware-in-the-Loop-Testsystem oder in andere Werkzeugumgebungen integriert werden. Es unterstützt Steuergerätebeschreibungen für Mess- und Kalibriersysteme, Prüfstandsschnittstellen, den Messdatenaustausch und Protokolle für die Kommunikation mit dem Steuergerät konform zu den ASAM-Standards ASAM MCD-2 MC, ASAP3 und ASAM MCD-3 MC, ASAM MDF, CCP und XCP.

Für eine schnelle Kommunikation in hoher Bandbreite wird für Applikationszwecke ein speziell ausgerüstetes Steuergerät verwendet, welches anstelle des Programmspeichers (EPROM) einen Emulator-Tastkopf (ETK, auch als elektronischer Tastkopf bezeichnet) enthält, in dem das Steuergeräte-EPROM und -RAM nachgebildet wird. Der Emulator-Tastkopf bietet eine Schnittstelle für das Applikationstool auf dem PC. Somit hat das Applikationstool einen direkten Zugriff auf den Speicher. Der Emulator-Tastkopf bildet die derzeit leistungsfähigste Schnittstelle des Steuergeräts zur Ankopplung von Applikationsgeräten.

Eine einfachere Ankopplung von Applikationsgeräten (z. B. Laptop) an das Steuergerät erfolgt über die CAN-Bus-Schnittstelle entsprechend dem ASAM-Standard CCP (CAN Calibration Protokoll). Für spezielle Aufgaben gibt es eine Vielzahl spezifischer Applikationstools, die jeweils eine ganz bestimmte Aufgabe bearbeiten können, wie die Parametrierung des Füllungsmodells, des Abgastemperaturmodells oder der Aussetzererkennung.

Nachfolgend wird der typische Arbeitsablauf einer Applikationsaufgabe beschrieben. Man kann grundsätzlich zwischen zwei Applikationsarten unterscheiden. Die eine erfolgt direkt während der Fahrt oder des Betriebes durch laufendes Messen, Beobachten und Verstellen. Man bezeichnet dieses Vorgehen als Online-Applikation. Dagegen werden in der sogenannten Offline-Applikation Messungen nach einem definierten Versuchsplan gemacht und die Reaktionen des Systems werden aufgezeichnet. Auf Basis dieser aufgezeichneten Messungen werden anschließend bestimmte Auswertungen durchgeführt und Kennfelder, Kennlinien und Festwerte parametriert.

Ablauf einer Softwareapplikation

Definieren des gewünschten Verhaltens
Das gewünschte Verhalten einer Funktion wird entsprechend der oben genannten Klassifizierung festgelegt, z. B. für eine erforderliche Modellgenauigkeit oder ein bestimmtes Einregelverhalten. Entsprechend dieser Ziele und der gegebenen Randbedingen gibt es definierte und standardisierte Vorgehensweisen, wie diese Ziele zu erreichen sind. Dazu sind in der Regel immer Versuche und

17 Anschlussmöglichkeiten von Steuergeräten und externen Sensoren an einen PC mit Applikationstool

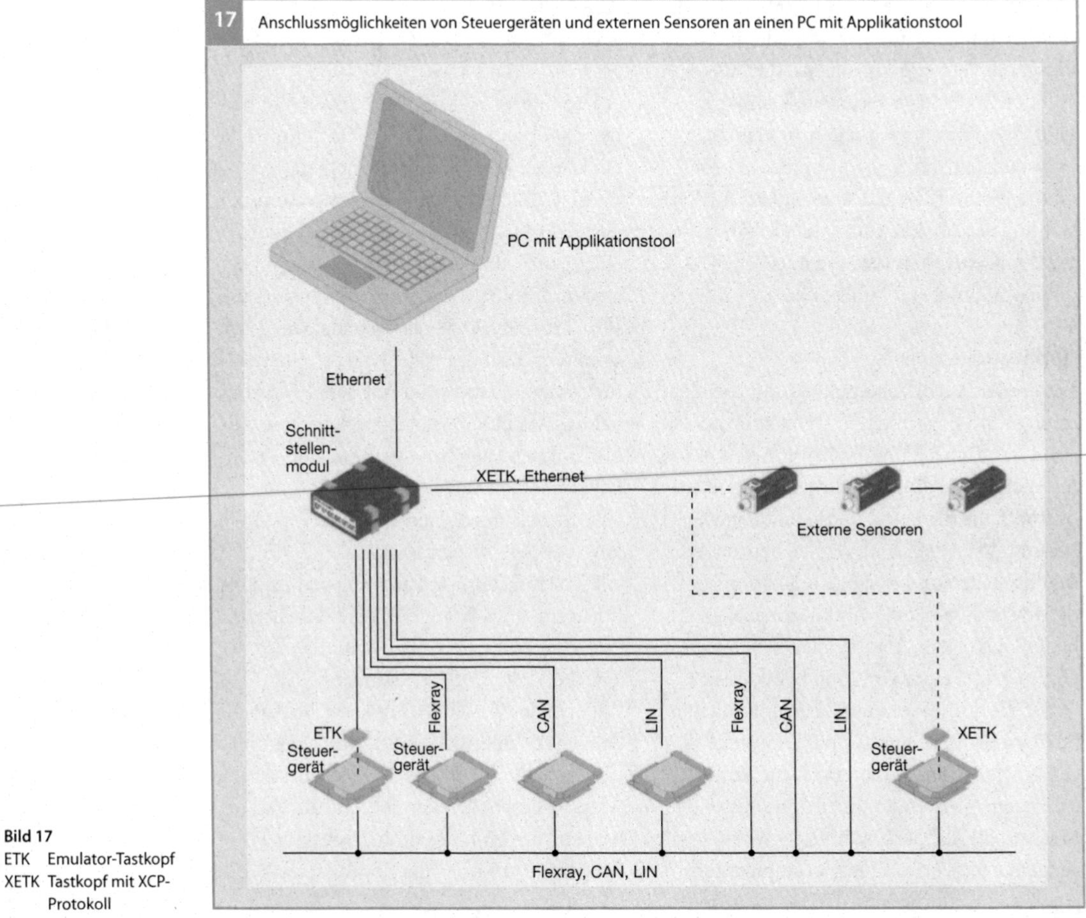

Bild 17
ETK Emulator-Tastkopf
XETK Tastkopf mit XCP-Protokoll

Messungen im Fahrzeug oder am Motorprüfstand erforderlich.

Vorbereitung

Um alle nötigen Informationen über das System zu erhalten, müssen die relevanten Mess- und Einflussgrößen bestimmt werden. Bei einem neuen oder unbekannten System kann man sich mit Hilfe der Software-Dokumentation ein Bild davon machen, wie die zu applizierende Funktion aufgebaut ist und welche Ein- und Ausgangsgrößen sowie welche Verstellparameter die Funktion hat.

Die zu messenden Größen können sowohl Werte aus der Motorsteuerung sein, die von anderen Funktionen berechnet und zur Verfügung gestellt werden als auch Messwerte von externen Messgeräten und Sensoren. Externe Messgeräte oder Sensoren können über entsprechende Peripheriegeräte (z. B. Schnittstellenmodule) hinzugefügt werden (vgl. Bild 17). Für die bekannten Funktionen gibt es im Applikationstool Listen der relevanten Mess- und Verstellgrößen. Abhängig von der Systemkonfiguration müssen gegebenenfalls weitere Größen hinzugefügt werden.

Darüber hinaus ist die Verfügbarkeit, die Einsatzfähigkeit sowie die korrekte und vollständige Ausrüstung des benötigten Versuchsträgers (Motor oder Fahrzeug) sicherzustellen oder der Einbau eventuell benötigter zusätzlicher Messgeräte oder Ausrüstung einzuplanen. Weiterhin sind die benötigten Mess- und Prüfeinrichtungen wie Motorprüfstand, Teststrecke, Klima- oder Abgasrolle, Bremsanhänger usw. terminlich einzuplanen.

Vermessung des tatsächlichen Systemverhaltens

Sind alle Vorbereitungen abgeschlossen, wird der Versuchsträger entsprechend dem Applikationsvorgehen vermessen. Dabei wird der Versuchsträger über das Applikationstool auf verschiedene Arten angeregt und die Reaktionen des Systems werden aufgezeichnet.

Anpassung der Funktionsparameter

Entsprechend der Zielsetzung und der Randbedingungen können bei der Online-Applikation die zu applizierenden Parameter gleich während der Messung verstellt und so das Systemverhalten optimiert werden. Dabei kann der Applikateur das Ergebnis der Verstellung unmittelbar am System erfassen und so lange ändern, bis sich das gewünschte Verhalten einstellt. Bei der Offline-Applikation werden die Funktionsparameter von einem Applikationstool verstellt und im Anschluss optimiert, bis sich das gewünschte Verhalten einstellt.

Dokumentieren der modifizierten Parameter

Werden Funktionsparameter direkt beim Messen verstellt, dient die Messung später auch als Dokumentation der verstellten Größen. Im Falle einer Offline-Applikation wird mit den veränderten Parametern eine Überprüfungsmessung gemacht, um das veränderte Verhalten zu verifizieren und zu dokumentieren.

Statistische Versuchsplanung in der Applikation von Motorsteuergeräten

Die Methode der statistischen Versuchsplanung, (DoE, Design of Experiments) wird verwendet, um einerseits die Anzahl von benötigten Messungen zu reduzieren und andererseits das hochdimensionale, komplexe Verhalten des Verbrennungsmotors schnell und genau modellieren zu können. Die Methode umfasst die Versuchsplanung, die Modellbildung sowie die Modellanalyse.

Kern des Verfahrens ist die Modellbildung. Dabei beruhen die Modelle auf mathematischen Zusammenhängen und beinhalten keinerlei physikalische Strukturen (Black Box Modeling). Die Parameter der Modelle werden aus Messdaten bestimmt.

Mit Hilfe dieses Modells vom Verhalten des Verbrennungsmotors können nun entweder „synthetische" Messdaten erzeugt werden, um damit die Parameter der Steuergerätefunktionen bestimmen zu können, oder es kann direkt auf dem Modell eine Optimierung erfolgen, um optimale Einstellparameter hinsichtlich Emissionen, Kraftstoffverbrauch und Performance zu bestimmen. Man kann diese beiden Schritte auch kombinieren. Das Modell wird als „virtueller" Motor verwendet und alle relevanten „Messungen" können am Modell und damit in sehr kurzer Zeit durchgeführt werden.

Das Verfahren eignet sich besonders, wenn die Modellierung basierend auf physikalischen Grundgleichungen an die Grenzen von Modellierbarkeit, Genauigkeit oder Rechenzeit stößt. Daher findet man diese Art der Modellierung häufig bei allen Fragen rund um die motorische Verbrennung.

Bei den Modellierungsalgorithmen gibt es verschiedene Methoden wie z. B. Polynom-Modelle, Radiale Basisfunktions-Netzwerke (RBF), lokal lineare Modelle, Support Vector Machines, Gaußprozesse, neuronale Netze etc. Jeder dieser Modellierungsansätze hat spezifische Vor- und Nachteile, am weitesten verbreitet ist der Polynom-Ansatz.

Bei der Versuchsplanung werden die Verteilung und die Anzahl der Messdaten so festgelegt, dass sie optimal auf den verwendeten Modellierungsalgorithmus abgestimmt sind. Die Anzahl der benötigten Messdaten soll so gering wie möglich sein, um teure und aufwendige Messungen an Motoren oder Fahrzeugen zu minimieren. Weiterhin muss der verwendete Modellierungsalgorithmus mit Messrauschen umgehen können und eine hohe Flexibilität besitzen, um auch komplexe Verläufe abbilden zu können. Idealerweise werden die Modellstruktur und die Modellparameter durch einen geeigneten Modellierungsansatz automatisch während des Modelltrainings ohne das Zutun des Anwenders bestimmt. Das Programm ASCMO der Firma ETAS verwendet beispielsweise Gaußprozesse im Modellierungskern.

Modellbasierte Applikation

Da die Anforderungen und die Komplexität immer weiter steigen und gleichzeitig die Anzahl der zur Verfügung stehenden Versuchsträger abnimmt, werden verschiedene Teile des Applikationsprozesses mit Hilfe von modellbasierten Ansätzen wie z. B. DoE bearbeitet, um die auf Fahrzeugmessungen basierenden Applikationsschritte zu reduzieren. Dabei muss das Systemverhalten durch Modelle genau genug beschrieben werden, wobei der Aufwand für deren Parametrierung aber so gering wie möglich sein muss. Da für viele Aufgaben das Zusammenspiel zwischen Motor bzw. Fahrzeug und der Steuergerätefunktionalität mit den Parametrierdaten abgebildet werden muss, erfolgt die modellbasierte Applikation an einem HIL-Simulator (Hardware in the Loop). Kleinere Anteile können auch durch einen Software-Freischnitt bearbeitet werden. Dabei wird ein kleiner Teil der Funktionssoftware als Programm auf einem PC zusammen mit einem parametrierten Streckenmodell betrieben und optimiert.

Applikationsbeispiel

Optimierung des Zündwinkels

Der Zündwinkel spielt beim Ottomotor eine zentrale Rolle. Mit Hilfe des Zündwinkels kann über die Lage des Verbrennungsschwerpunktes der Wirkungsgrad des Motors beeinflusst werden.

Um den Motor mit seinem maximalen Wirkungsgrad zu betreiben, also einen geringen Kraftstoffverbrauch zu erreichen und ein optimales Drehmoment zur Verfügung zu stellen, wird der Zündwinkel abhängig von folgenden Größen eingestellt:

- Motordrehzahl,
- Zylinderluftfüllung (Motorlast),
- Restgasgehalt im Zylinder,
- Position der Ladungsbewegungsklappe (falls vorhanden),
- Betriebsart (Homogen- oder Schichtladungsbetrieb),
- Luft-Kraftstoff-Gemischverhältnis,
- Motortemperatur,
- Ansauglufttemperatur,
- Kraftstoffsorte,
- Kraftstoffqualität.

Dazu werden automatisierte Messungen am Motorprüfstand gefahren, bei denen die oben genannten Einflussparameter verstellt werden (soweit das möglich ist). Am Schreibtisch werden dann mit Hilfe von Applikationstools die optimalen Werte aus den Messungen ermittelt und in eine Struktur von Kennfeldern und Kennlinien, die die Steuergerätefunktion darstellt, abgelegt. Die Einflüsse, die am Motorprüfstand nicht untersucht wurden, werden auf Versuchsfahrten parametriert.

Bei höheren Lasten und Drehzahlen ist die Zündwinkel-Verstellung beim Ottomotor durch klopfende Verbrennung begrenzt. Der Motor kann dann aus Bauteilschutzgründen nicht mehr mit dem optimalen Zündwinkel betrieben werden. Die Sollwerte für diesen Bereich werden zusammen mit der Klopfregelung appliziert, um einerseits einen sicheren Motorbetrieb zu gewährleisten, andererseits aber möglichst wenig Einbußen bei Drehmoment und Kraftstoffverbrauch zu haben.

Auch der spätest mögliche Zündwinkel muss ermittelt werden, bei dem das Luft-Kraftstoff-Gemisch noch sicher entflammt wird, der Motor aber möglichst wenig Drehmoment abgibt. Diese Bereiche dienen der Begrenzung der Zündwinkelverstellung, welche von anderen Funktionen zur kurzeitigen Drehmomentreduktion angefordert wird, wie Katalysator-Heizen, Schaltvorgänge von Automatik-Getrieben, Fahrverhaltensfunktion etc. Die Abstimmung des spätest möglichen Zündwinkels erfolgt direkt am Motorprüfstand, da eine Spätverstellung des Zündwinkels mit einer deutlichen Erhöhung der Abgastemperatur einhergeht, die sehr schnell über die zulässigen Grenzen gehen kann und somit Bauteile gefährdet werden.

Diese Erhöhung der Abgastemperatur macht man sich zur schnelleren Aufheizung des Katalysators nach einem Kaltstart zu Nutze. Der Wirkungsgrad des Motors wird absichtlich verschlechtert, d. h. der Zündzeitpunkt und damit die Verbrennungsschwerpunktlage werden nach spät verschoben, um eine Erhöhung der Abgastemperatur zu erreichen. Damit der Motor jedoch trotz des verschlechterten Wirkungsgrades noch genügend Drehmoment liefert, wird die Luftmasse im Zylinder (und über die stöchiometrische Bedingung auch die Kraftstoffmasse) erhöht, was zu einem erhöhten Kraftstoffverbrauch führt. Deswegen wird die Phase des Katalysator-Heizens so kurz wie möglich gehalten.

Weitere Anpassungen

Adaptionen

Im Rahmen einer Serienfertigung unterliegen sowohl Motoren als auch Sensoren und Aktoren herstellungsbedingten Schwankungen. Zusätzlich ändert sich das Systemverhalten im Laufe der Zeit durch Verschmutzung, Abnutzung und Alterung. In der Motorsteuerung gibt es Funktionen, die diese Schwankungen ausgleichen. Über Plausibilisierung von verschiedenen berechneten oder gemessen Signalen werden Korrekturwerte berechnet, die dann in die Berechnung der Sollwerte einbezogen werden. Damit ist über die Streuungen in der Produktion sowie über die Alterung des Fahrzeuges sichergestellt, dass die Abgasgrenzwerte sowohl im Neuzustand als auch nach mehr als 100 000 km sicher eingehalten werden.

Sicherheitsanpassungen

Neben den für Emission, Verbrauch und Leistungsfähigkeit maßgebenden Funktionen sind auch zahlreiche Sicherheitsfunktionen anzupassen, um ein definiertes Verhalten des Systems z. B. bei Ausfall eines Sensors oder eines Stellgliedes zu gewährleisten. Die Sicherheitsfunktionen dienen in erster Linie dazu, das Fahrzeug in einen für den Fahrer unkritischen Zustand zu halten und die Betriebssicherheit des Motors und seiner Komponenten zu gewährleisten (z. B. zur Vermeidung von Motorschäden oder Schäden am Abgasnachbehandlungssystem).

Kommunikation

Das Motorsteuergerät ist in der Regel in einen Verbund mehrerer elektronischer Steuergeräte eingebunden. Der Datenaustausch zwischen Fahrzeug-, Getriebe- und sonstigen Steuergeräten erfolgt über einen Datenbus (meist der CAN). Das korrekte Zusammenwirken der beteiligten Steuergeräte wird mit dem Originaleinbau im Fahrzeug überprüft und optimiert.

Ein typisches Beispiel für das Zusammenspiel zweier Steuergeräte im Fahrzeug ist der Ablauf eines Schaltvorgangs mit automatisiertem Getriebe. Das Getriebesteuergerät fordert zum optimalen Zeitpunkt des Gangwechsels über den Datenbus eine Reduzierung des Drehmoments an. Das Motorsteuergerät ergreift dann ohne Beteiligung des Fahrers Maßnahmen, die das abgegebene Drehmoment zurücknehmen und so einen weichen und ruckfreien Gangwechsel ermöglichen. Die Daten, die zu dieser Drehmomentreduzierung führen, müssen appliziert werden.

Diagnose

Aufgrund gesetzlicher Bestimmungen ist es nötig, die Einhaltung von Abgasgrenzwerten während der gesamten Lebensdauer eines Fahrzeuges sicherzustellen. Dazu sind im Motorsteuergerät Funktionen zur Eigendiagnose (On-Board-Diagnose, OBD) enthalten, die Fahrzeugkomponenten mit Abgaseinfluss auf Ihre Funktionsfähigkeit hin überwachen. Dazu gehört die Überwachung von Sensoren, Stellgliedern und des Katalysators sowie die Überwachung des Motors auf Verbrennungsaussetzer.

Das Motorsteuergerät überprüft verschiedene Signale auf Über- oder Unterschreitung von Bereichsgrenzen, auf Wackelkontakte, Kurzschlüsse und Plausibilität mit anderen Signalen. Die Bereichs- und Plausibilitätsgrenzen muss der Applikateur festlegen. Diese werden so gewählt, dass auch bei Extrembedingungen (Sommer, Winter, Höhe) keine Fehldiagnosen erfolgen. Andererseits muss aber die Empfindlichkeit für wirkliche Fehler noch groß genug sein und eine ausreichende Prüfhäufigkeit (In-Use Monitor Performance Ratio, IUMPR) gewährleistet sein. Außerdem muss festgelegt werden, wie der Motor bei Vorliegen eines Fehlers weiterbetrieben werden darf. Schließlich wird der Fehler noch im Fehlerspeicher abgelegt, um der Service-Werkstatt ein schnelles Auffinden und Beheben des Fehlers zu ermöglichen.

Applikation unter extremen klimatischen Bedingungen

Bei Erprobungen werden Versuche unter klimatisch extremen Bedingungen durchgeführt, die in der Regel nur in Ausnahmefällen während der Lebensdauer eines Fahrzeugs auftreten. Die Bedingungen, die auf einer Erprobung auftreten, lassen sich nur begrenzt auf einem Prüfstand simulieren, da hier auch das subjektive Empfinden des Testfahrers und dessen Erfahrung eine wichtige Rolle spielen. Die Temperatur alleine wäre auf einem Prüfstand problemlos simulierbar, das Abfahrverhalten z. B. auf einem Rollenprüfstand ist aber im Vergleich zum realen Fahrbetrieb nur sehr schwer einschätzbar.

Darüber hinaus wird bei einer Erprobung zumeist eine größere Fahrstrecke mit mehreren Fahrzeugen zurückgelegt; dies ermöglicht eine Überprüfung der Applikationsparameter über die Serienstreuung der verschiedenen Versuchsfahrzeuge. Das ermöglicht es dem Applikateur, zu bewerten, wie sich verschiedene Fahrzeuge mit den eingestellten Parametern verhalten.

Ein weiterer wesentlicher Aspekt ist der Einfluss der Kraftstoffqualität in den verschiedenen Regionen der Welt. Hauptsächlich wirkt sich die unterschiedliche Kraftstoffqualität auf das Startverhalten und den Warmlauf des Motors aus. Die Fahrzeughersteller treiben einen hohen Aufwand, um sicherzustellen, dass sich ein Fahrzeug mit allen auf dem Markt befindlichen Kraftstoffen ohne Beanstandungen betreiben lässt.

Wintererprobung

Bei der Wintererprobung wird der klimatische Bereich von ca. –30 °C bis 0 °C abgedeckt. In erster Linie werden Startmessungen durchgeführt und das Abfahrverhalten (Take Off) beurteilt.

Beim Start wird jede einzelne Verbrennung ausgewertet und bei Bedarf die entsprechenden Parameter optimiert. Die korrekte Parametrierung jeder einzelnen Einspritzung ist ausschlaggebend für die Startzeit und den stetigen Hochlauf des Motors von Starterdrehzahl bis auf Leerlaufdrehzahl. Bereits eine einzige unvollständige Verbrennung mit reduziertem Drehmomentaufbau während des Hochlaufs wird vom Endkunden als störend empfunden.

Sommererprobung

Bei der Sommererprobung wird der klimatische Bereich von ca. +15 °C bis +40 °C abgedeckt. Diese Erprobungen werden z. B. in Südfrankreich, Spanien, Italien, USA, Südafrika und Australien durchgeführt. Südafrika und Australien sind trotz der großen Entfernung und des immensen Aufwands für den Materialtransport von Interesse, da dort während unserer Wintermonate die für eine Sommererprobung notwendigen Temperaturen auftreten. Aufgrund der immer kürzeren Entwicklungszeiten muss auch auf solche Möglichkeiten zurückgegriffen werden. Bei der Sommererprobung werden z. B der Heißstart, die Tankentlüftung, die Tankleckerkennung, die Klopfregelung und viele Diagnosefunktionen überprüft.

Höhenerprobung

Bei der Höhenerprobung wird ein Bereich zwischen 0 und ca. 4 000 m abgedeckt. Es ist nicht nur die absolute Höhe ausschlaggebend, für manche Versuche ist es auch notwendig, in kurzer Zeit eine möglichst große Höhendifferenz zu erzielen. Die Höhenerprobung wird meistens in Kombination mit der Winter- oder Sommererprobung durchgeführt. Auch hier spielt wiederum der Start eine große Rolle. Untersucht werden außerdem z. B. Gemischadaption, Tankentlüftung, Klopfregelung und viele Diagnosefunktionen.

Sensoren

Sensoren erfassen einerseits den Fahrerwunsch als Sollwert und andererseits den Betriebszustand des Motors. Dabei wandeln sie physikalische oder chemische Größen in elektrische Signale um, die vom Motorsteuergerät ausgewertet werden können.

Einsatz im Kraftfahrzeug

Sensoren und Aktoren bilden die Schnittstelle zwischen dem Fahrzeug mit seinen komplexen Antriebs-, Brems,- Fahrwerk- und Karosseriefunktionen und den elektronischen Steuergeräten als Verarbeitungseinheiten (z. B. Motorsteuerung, ESP, Klimasteuerung). Ein Sensorelement wandelt dabei die zu erfassende Größe in eine elektrische Größe wie z. B. eine Widerstands- oder Kapazitätsänderung um. In der Regel bereitet eine Auswerteschaltung im Sensor diese Größen in ein elektrisches Ausgangssignal auf, das vom Steuergerät eingelesen werden kann. Je nach Partitionierung der Funktionen werden unterschiedliche Integrationsstufen von Sensoren unterschieden (Bild 1).

Die Ausgangssignale von Sensoren beeinflussen direkt Leistung, Drehmoment und Emissionen des Motors, das Fahrverhalten und die Sicherheit des Fahrzeugs. Daraus ergibt sich die Forderung nach präzisen und zuverlässigen Sensoren, die auch unter extremen Einsatzbedingungen sicher funktionieren:

- typischer Temperaturbereich –40 ... +140 °C, teilweise bis 150 °C, im Abgasbereich bis 1 000 °C,
- Schüttelbeanspruchung über einen weiten Frequenzbereich mit Beschleunigungsamplituden bis zu 70 *g*,
- aggressive Umgebungsbedingungen hervorgerufen durch Wasser, Salz, Kraftstoff und Abgase,
- hohe elektromagnetische Einstrahlung und Einkopplung über den Kabelbaum.

Mit der Funktionalität des Motormanagements steigt der Umfang beteiligter Sensoren. Sensoren müssen deshalb zum einen geringe Abmessungen und Leistungsaufnahmen besitzen und zum anderen zu geringen Preisen verfügbar sein. Eine Möglichkeit, diese Anforderungen zu erfüllen, bietet die Mikromechanik, weshalb viele der derzeit

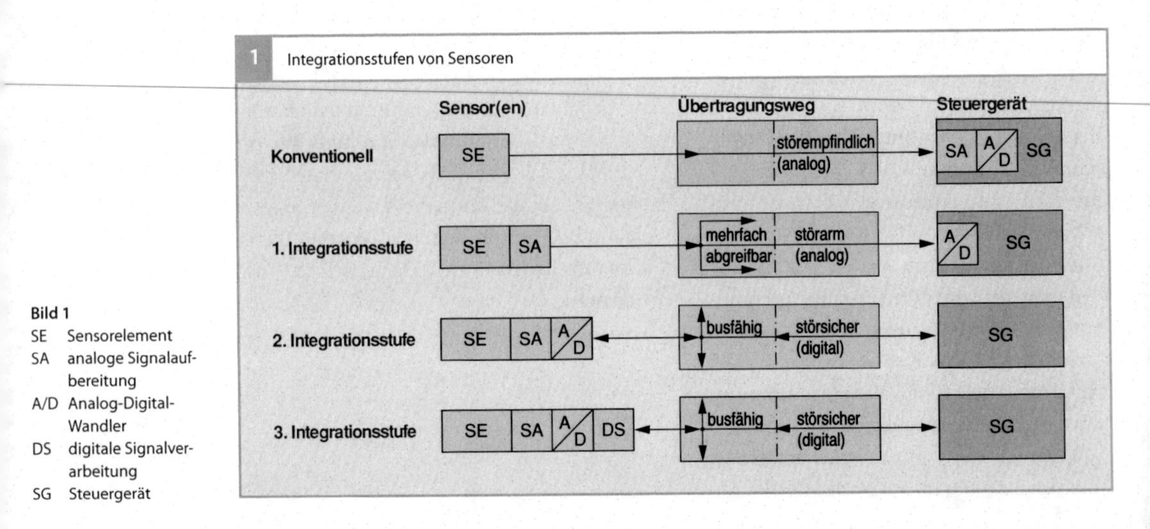

1 Integrationsstufen von Sensoren

Bild 1
SE Sensorelement
SA analoge Signalaufbereitung
A/D Analog-Digital-Wandler
DS digitale Signalverarbeitung
SG Steuergerät

eingesetzten Sensoren mikromechanische Sensoren sind. Durch eine Integration mikromechanischer Sensorelemente und mikroelektronischer Auswerteschaltungen können Sensorelement, Signalaufbereitung, Analog-Digital-Wandlung und Selbstkalibrierungsfunktionen kostengünstig in einem Chip integriert werden.

Durch die Kombination verschiedener Sensoren, wie z. B. Druck-, Feuchte-, Temperatur- und Durchflusssensoren, in so genannten Sensormodulen ergeben sich darüber hinaus Synergieeffekte hinsichtlich Funktion, Bauraum und Kommunikation vom Sensormodul zum Steuergerät.

Temperatursensoren

Beim Motormanagement kommt eine Vielzahl von Temperatursensoren zum Einsatz. Die wichtigsten Sensorgruppen werden im Folgenden beschrieben.

Anwendung

Motortemperatursensor

Dieser Sensor ist im Kühlmittelkreislauf eingebaut (Bild 2), um für die Motorsteuerung von der Kühlmitteltemperatur auf die Motortemperatur schließen zu können (Messbereich –40 ... +130 °C).

Lufttemperatursensor

Dieser Sensor erfasst die Ansauglufttemperatur im Ansaugtrakt, mit der sich in Verbindung mit einem Ladedrucksensor die angesaugte Luftmasse berechnen lässt. Außerdem können Sollwerte für Regelkreise (z. B. Abgasrückführung, Ladedruckregelung) an die Lufttemperatur angepasst werden (Messbereich –40 ... +130 °C).

Motoröltemperatursensor

Das Signal des Motoröltemperatursensors wird unter anderem bei der Berechnung des

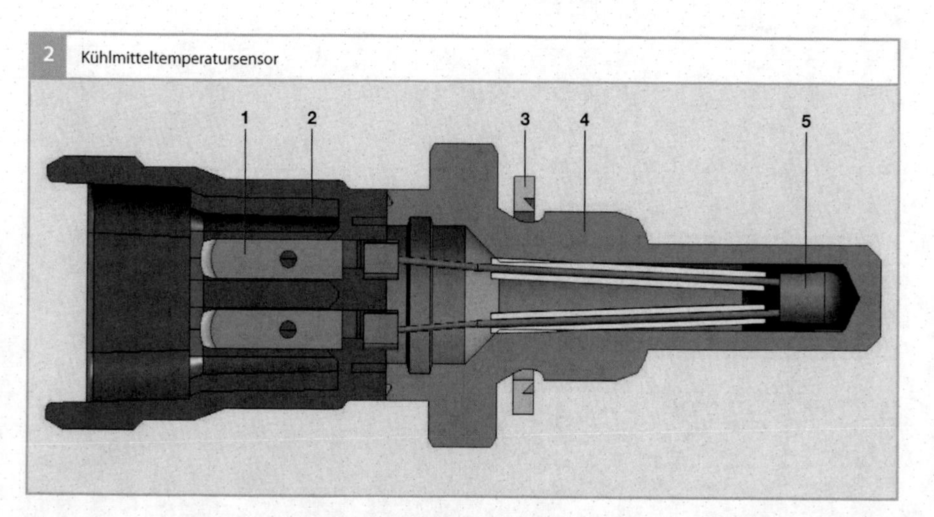

Bild 2
1 elektrischer Anschluss
2 Gehäuse
3 Dichtring
4 Einschraubgewinde
5 Messwiderstand

Service-Intervalls verwendet (Messbereich –40 … +170 °C).

Kraftstofftemperatursensor
Er ist z. B. im Dieselkraftstoff-Niederdruckteil eingebaut. Mit der Kraftstofftemperatur kann die eingespritzte Kraftstoffmenge genau berechnet und Dichteschwakungen entsprechend korrigiert werden (Messbereich –40 … +120 °C).

Abgastemperatursensor
Dieser Sensor wird an temperaturkritischen Stellen im Abgassystem montiert. Er wird für die Regelung der Systeme zur Abgasnachbehandlung eingesetzt. Der Messwiderstand besteht meist aus Platin (Messbereich –40 … +1 000 °C).

Temperatursensoren in Sensormodulen
Oft wird der Temperatursensor mit anderen Sensoren in Sensormodulen verbaut. Beispielsweise werden Drucksensoren in Kombination mit Temperatursensoren angeboten. Es ergeben sich Synergien hinsichtlich des mechanischen Aufbaus und der elektrischen Kontaktierung.

3 Kennlinie eines NTC-Sensors

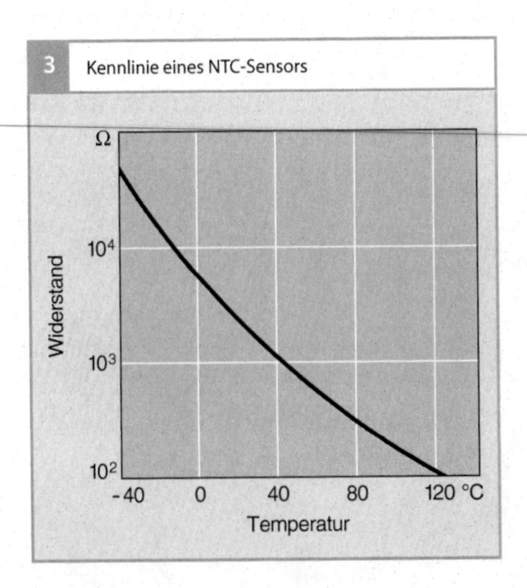

Aufbau und Arbeitsweise
Temperatursensoren werden je nach Anwendungsgebiet in unterschiedlichen Bauformen angeboten. In einem Gehäuse ist ein temperaturabhängiger Messwiderstand aus Halbleitermaterial eingebaut. Dieser hat üblicherweise einen negativen Temperaturkoeffizienten (NTC, Negative Temperature Coefficient, Bild 3). Sein Widerstand verringert sich bei steigender Temperatur stark.

Der Messwiderstand ist Teil einer Spannungsteilerschaltung, die mit einer Referenzspannung versorgt wird. Die am Messwiderstand gemessene Spannung ist damit temperaturabhängig. Sie wird im Steuergerät über einen Analog-Digital-Wandler eingelesen und ist ein Maß für die Temperatur am Sensor. Im Motorsteuergerät ist eine Kennlinie gespeichert, die der Ausgangspannung eine entsprechende Temperatur zuweist.

Motordrehzahlsensoren

Anwendung

Motordrehzahlsensoren, auch Drehzahlgeber genannt, werden beim Motor-Management eingesetzt zum

- Messen der Motordrehzahl,
- Ermitteln der Winkellage der Kurbelwelle (Stellung der Motorkolben),
- Ermitteln der Arbeitsspielposition von 4-Takt-Motoren (0–720° Kurbelwellenwinkel) durch Lageerkennung der Nockenwelle in Bezug zur Kurbelwelle,
- Notbetrieb des Motors bei Ausfall des Phasengebers.

Über Impulsräder werden magnetische Feldänderungen erzeugt. Mit steigender Drehzahl steigt die Anzahl der erzeugten Impulse. Die Drehzahl wird im Steuergerät über den Zeitabstand zweier Impulse berechnet.

Induktive Drehzahlsensoren

Aufbau und Arbeitsweise

Der Sensor ist – durch einen Luftspalt getrennt – direkt gegenüber einem ferromagnetischen Impulsrad montiert (Bild 4, Pos. 7). Er enthält einen Weicheisenkern (Polstift, Pos. 4), der von einer Wicklung (5) umgeben ist. Der Polstift ist mit einem Dauermagneten (1) verbunden. Der magnetische Fluss erstreckt sich über den Polstift bis hinein in das Impulsrad. Der magnetische Fluss durch die Spule hängt davon ab, ob dem Sensor eine Lücke oder ein Zahn des Impulsrads gegenübersteht. Ein Zahn bündelt den Streufluss des Magneten. Es kommt zu einer Verstärkung des Magnetflusses durch die Spule. Eine Lücke dagegen schwächt den Magnetfluss. Diese Magnetflussänderungen induzieren beim Drehen des Impulsrads in der Spule eine zur Änderungsgeschwindigkeit und damit zur Motordrehzahl proportionale periodische Ausgangsspannung (Bild 5). Die Amplitude der Wechselspannung wächst mit steigender Drehzahl stark an (von wenigen Millivolt bis über hundert Volt). Eine ausreichende Amplitude ist ab einer Mindestdrehzahl von ca. 20 Umdrehungen pro Minute vorhanden.

Die Anzahl der Zähne des Impulsrads hängt vom Anwendungsfall ab. Für die Motorsteuerung kommen Impulsräder mit 60er-Teilung zum Einsatz, wobei zwei Zähne ausgelassen sind (siehe Bild 4, Pos. 7). Das Impulsrad hat somit 60 – 2 = 58 Zähne. Die Lücke bei den fehlenden Zähnen stellt eine

4 Aufbau induktiver Drehzahlgeber

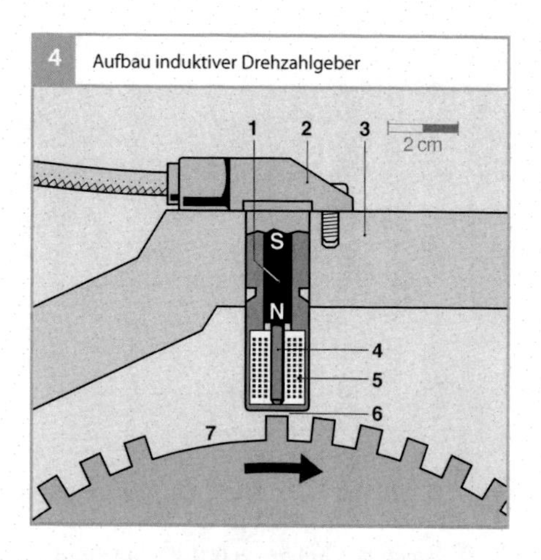

Bild 4
1 Dauermagnet
2 Sensorgehäuse
3 Motorgehäuse
4 Polstift
5 Wicklung
6 Luftspalt
7 Impulsrad mit Bezugsmarke
N Nordpol des Dauermagneten
S Südpol des Dauermagneten

5 Signal eines induktiven Motordrehzahlsensors

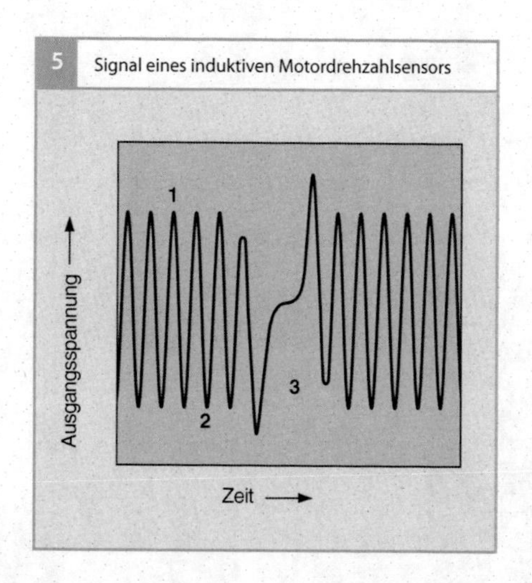

Bild 5
1 Zahn
2 Zahnlücke
3 Bezugsmarke

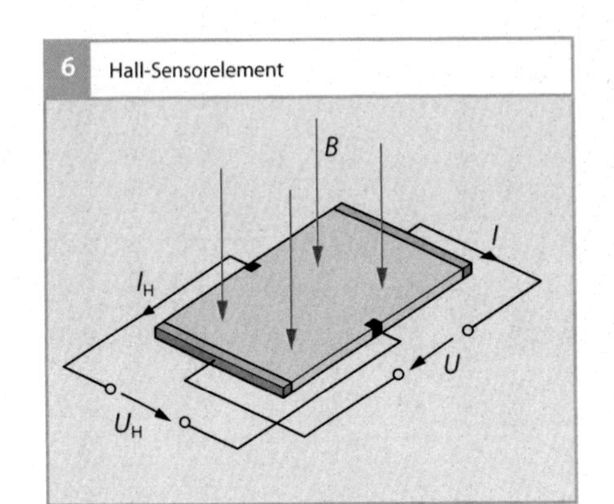

Bild 6
B Flussdichte
I Versorgungsstrom
U Versorgungsspannung
I_H Hall-Strom
U_H Hall-Spannung

Bezugsmarke dar und ist einer definierten Kurbelwellenstellung zugeordnet. Sie dient zur Synchronisation des Steuergeräts.

Zahn- und Polgeometrie müssen aneinander angepasst sein. Eine Auswerteschaltung im Steuergerät formt die sinusähnliche Spannung mit stark unterschiedlicher Amplitude in eine Rechteckspannung mit konstanter Amplitude um. Dieses Signal wird im Mikrocontroller des Steuergeräts ausgewertet.

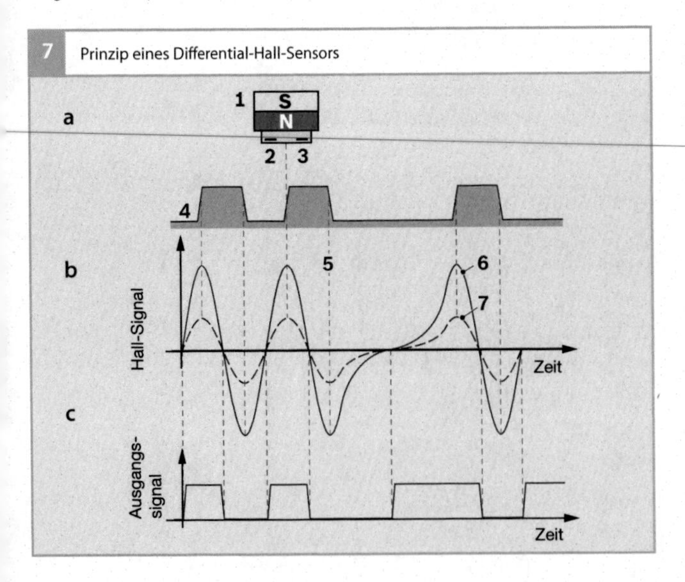

Bild 7
a Anordnung
b Signal des Hall-Sensors
c Ausgangssignal
1 Magnet (N Nordpol, S Südpol)
2, 3 Hall-Sensoren
4 Impulsrad
5 Flanke
6 große Amplitude bei kleinem Luftspalt
7 kleine Amplitude bei großem Luftspalt

Aktive Drehzahlsensoren

Aktive Drehzahlsensoren arbeiten nach dem magnetostatischen Prinzip. Damit ist eine Drehzahlerfassung auch bei sehr kleinen Drehzahlen möglich. Es erfolgt also eine quasistatische Drehzahlerfassung. Das aufgenommene Rohsignal wird durch eine Auswerteschaltung im Sensor aufbereitet, die Amplitude des Ausgangssignals ist damit nicht von der Drehzahl abhängig.

Differential-Hall-Sensor

An einem stromdurchflossenen Plättchen, das senkrecht von einer magnetischen Induktion *B* durchsetzt wird, kann quer zur Stromrichtung eine zum Magnetfeld proportionale Spannung U_H (Hall-Spannung) abgegriffen werden (Bild 6). Beim Differential-Hall-Sensor wird das Magnetfeld von einem Permanentmagneten im Sensor erzeugt (Bild 7, Pos. 1). Zwischen dem Magneten und dem Impulsrad (4) befinden sich zwei Hall-Sensorelemente (2 und 3). Der magnetische Fluss, von dem diese durchsetzt werden, hängt davon ab, ob dem Drehzahlsensor ein Zahn oder eine Lücke gegenübersteht. Mit Differenzbildung der Signale aus beiden Sensoren wird eine Reduzierung magnetischer Störsignale und ein verbessertes Signal-Rausch-Verhältnis erreicht.

Die Flanken des Sensorsignals können ohne Digitalisierung direkt im Steuergerät verarbeitet werden. Anstelle des ferromagnetischen Impulsrads werden auch Multipolräder eingesetzt (Bild 8). Hier ist auf einem nichtmagnetischen metallischen Träger ein magnetisierbarer Kunststoff aufgebracht und wechselweise magnetisiert. Diese Nord- und Südpole übernehmen die Funktion der Zähne des Impulsrads. Bei Einsatz eines Multipol-Geberrades werden keine Permanent-Magnete im Sensor benötigt.

8 Drehzahlmessung mit Multipol-Geberrad

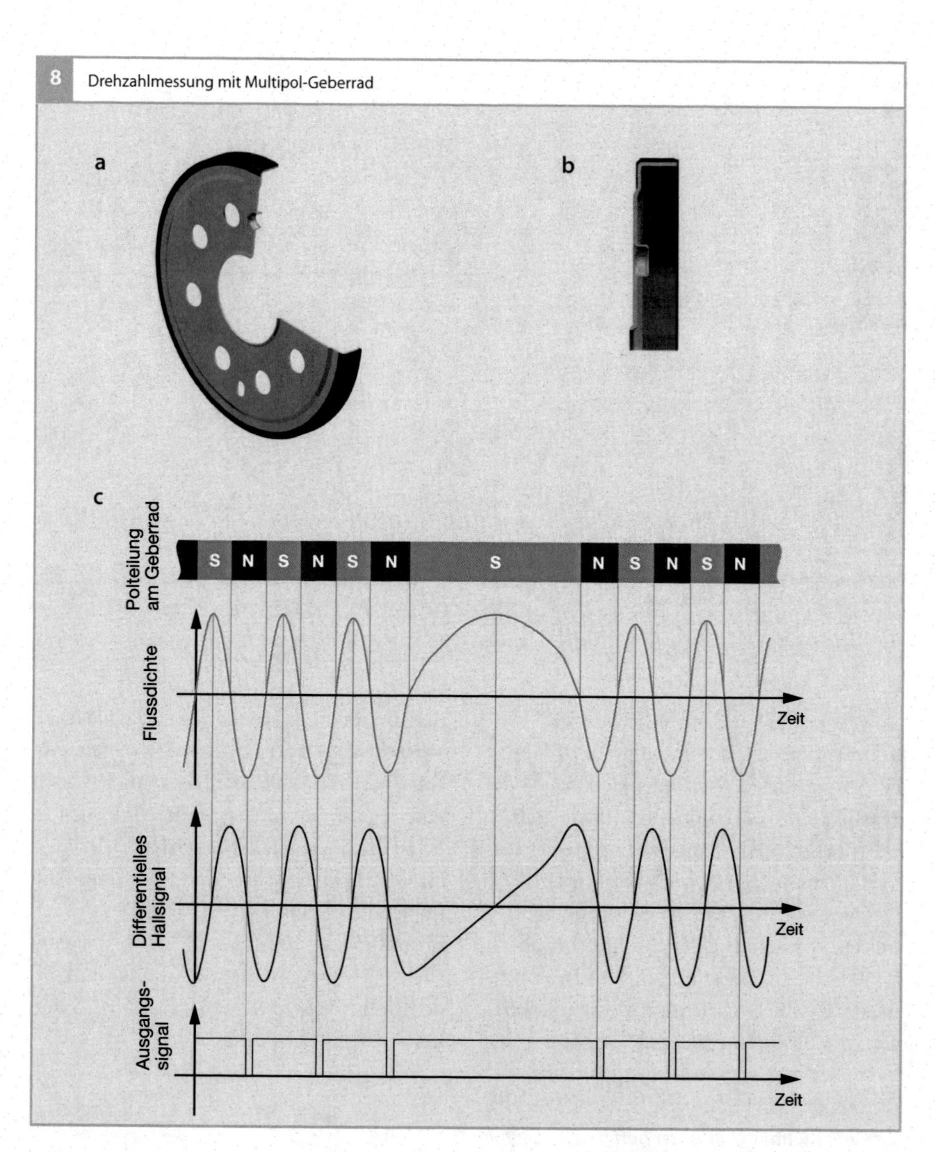

Bild 8
a, b Multipol-Geberrad
c Sensorsignale

AMR-Sensoren

Der elektrische Widerstand von magnetoresistivem Material ist anisotrop. Das heißt, er hängt von der Richtung des ihm ausgesetzten Magnetfelds ab. Diese Eigenschaft wird im AMR-Sensor (Anisotropic Magnetoresistance Sensor) ausgenutzt. Der Sensor sitzt zwischen einem Magneten und dem Impulsrad. Die Feldlinien ändern ihre Richtung, wenn sich das Impulsrad dreht. Daraus ergibt sich eine sinusförmige Spannung, die in einer Auswerteschaltung im Sensor verstärkt und in ein Rechtecksignal umgewandelt wird.

9 Prinzip der Drehzahlerfassung mit Richtungserkennung

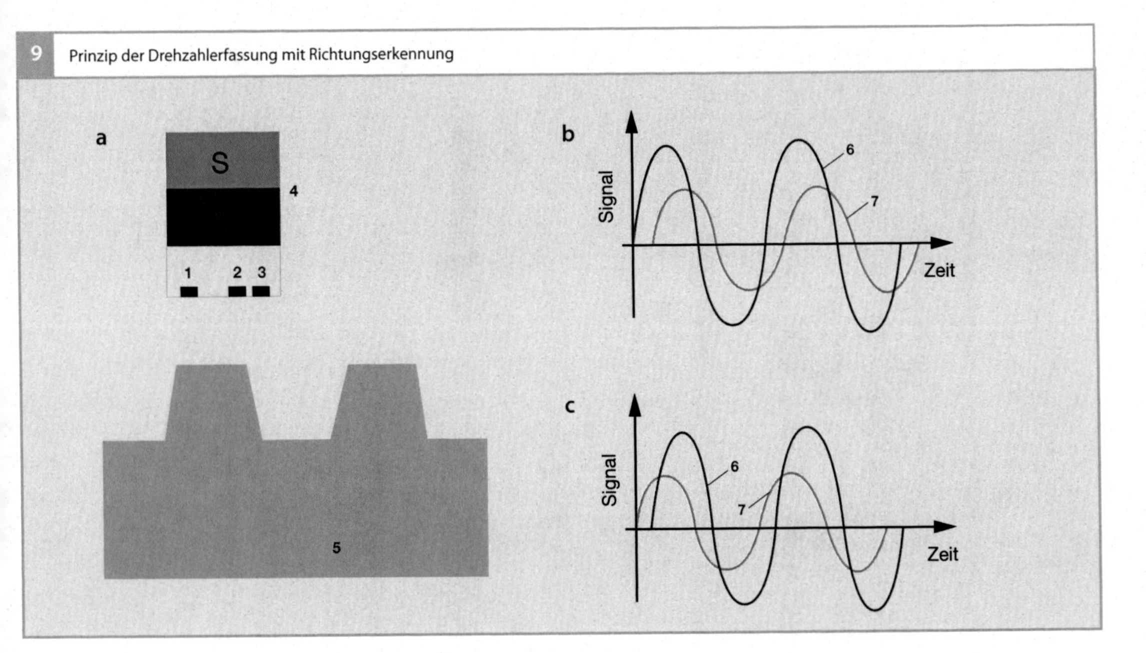

Bild 9
a Anordnung
b Sensorsignale bei Drehrichtung vorwärts
c Sensorsignale bei Drehrichtung rückwärts

1, 2, 3 Hall-Sensoren (der erste Differential-Hall-Sensor besteht aus den Hall-Sensoren 1 und 2, der zweite Differential-Hall-Sensor besteht aus den Hall-Sensoren 2 und 3)
4 Permanentmagnet
5 Impulsrad
6 Signal des ersten Differential-Hall-Sensors
7 Signal des zweiten Differential-Hall-Sensors

Sensoren mit Drehrichtungserkennung
Insbesondere bei Motoren mit Start-Stopp-Funktion ist nach Abschalten des Motors die genaue Kenntnis von der Position der Kurbelwelle notwendig, um einen schnellen Motorstart zu ermöglichen. Dazu muss eine Pendelbewegung der Kurbelwelle erkannt werden, die bei Abstellen des Motors entsteht. Neben der Bestimmung der Drehzahl muss dazu die Drehrichtung detektiert werden. Die Bestimmung der Drehrichtung erfolgt über zwei verschoben angeordnete Differential-Hall-Sensoren (Bild 9). Die Phasenverschiebung zwischen den beiden Signalen gibt die Drehrichtung an. Beide Sensorelemente sind in einem Gehäuse untergebracht.

Hall-Phasensensoren

Anwendung
Die Nockenwelle ist bei 4-Takt-Motoren gegenüber der Kurbelwelle um 1:2 untersetzt. Ihre Stellung zeigt an, ob sich ein zum oberen Totpunkt bewegender Motorkolben im Verdichtungs- oder im Ausstoßtakt befindet. Der Phasensensor an der Nockenwelle (auch Phasengeber genannt) gibt diese Information an das Steuergerät. Sie wird bei Zündanlagen mit Einzelfunken-Zündspulen und mit sequentieller Einspritzung (SEFI) für die Ermittlung des Verstellwinkels der Nockenwelle (bei Nockenwellenverstellung) und für den Notbetrieb des Motors beim Ausfall des Drehzahlgebers benötigt.

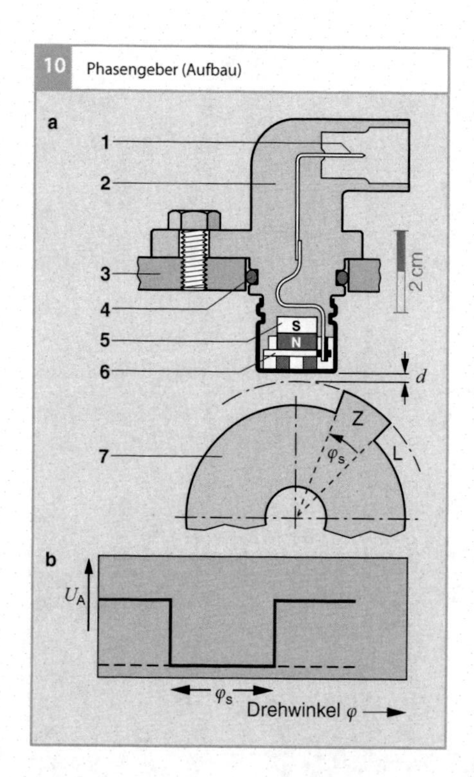

10 Phasengeber (Aufbau)

Bild 10
a Positionierung von Sensor und Impulsrad
b Ausgangsspannungsverlauf U_A

1 elektrischer Anschluss (Stecker)
2 Sensorgehäuse
3 Motorgehäuse
4 Dichtring
5 Dauermagnet
6 Hall-IC
7 Impulsrad mit Zahn (Z) und Lücke (L)
d Luftspalt
φ Drehwinkel
φ_S vom Zahn überdeckter Winkel
U_A Ausgangsspannung

Aufbau und Arbeitsweise

Hallsensoren (Bild 10) nutzen den Hall-Effekt: Mit der Nockenwelle rotiert ein Impulsrad (Bild 10, Pos. 7) mit Zähnen, Segmenten oder einer Lochblende aus ferromagnetischem Material. Der Hall-IC (6) befindet sich zwischen Rotor und einem Dauermagneten (5), der ein Magnetfeld senkrecht zum Hall-Element liefert.

Passiert ein Zahn (Z) das stromdurchflossene Sensorelement (Halbleiterplättchen) des Phasengebers, verändert er die Feldstärke des Magnetfelds senkrecht zum Hall-Element. Dadurch entsteht ein Spannungssignal (eine Hall-Spannung), das unabhängig von der Relativgeschwindigkeit zwischen dem Sensor und dem Impulsrad ist. Die im Hall-IC integrierte Auswerteelektronik des Sensors bereitet das Signal auf und gibt es als Rechtecksignal aus (Bild 10).

Der in Bild 10 gezeigte Sensor kann beliebig um die Sensorachse gedreht werden, ohne an Genauigkeit zu verlieren. Durch diese flexibel drehbare Einbaulage (Twist Insensitive Mounting) kann er mit der gleichen Geometrie und den gleichen Befestigungsflanschen in unterschiedlichen Anwendungen und Einbausituationen verbaut werden, die Variantenvielfalt wird reduziert.

Außerdem erkennt der Sensor in Bild 10 direkt beim Einschalten, ob er über einem Zahn oder einer Lücke steht. Diese Eigenschaft wird „True Power on" genannt. Sie reduziert Synchronisierzeiten zwischen Kurbelwellen- und Nockenwellensignal, was insbesondere bei Start-Stopp-Systemen von Bedeutung ist.

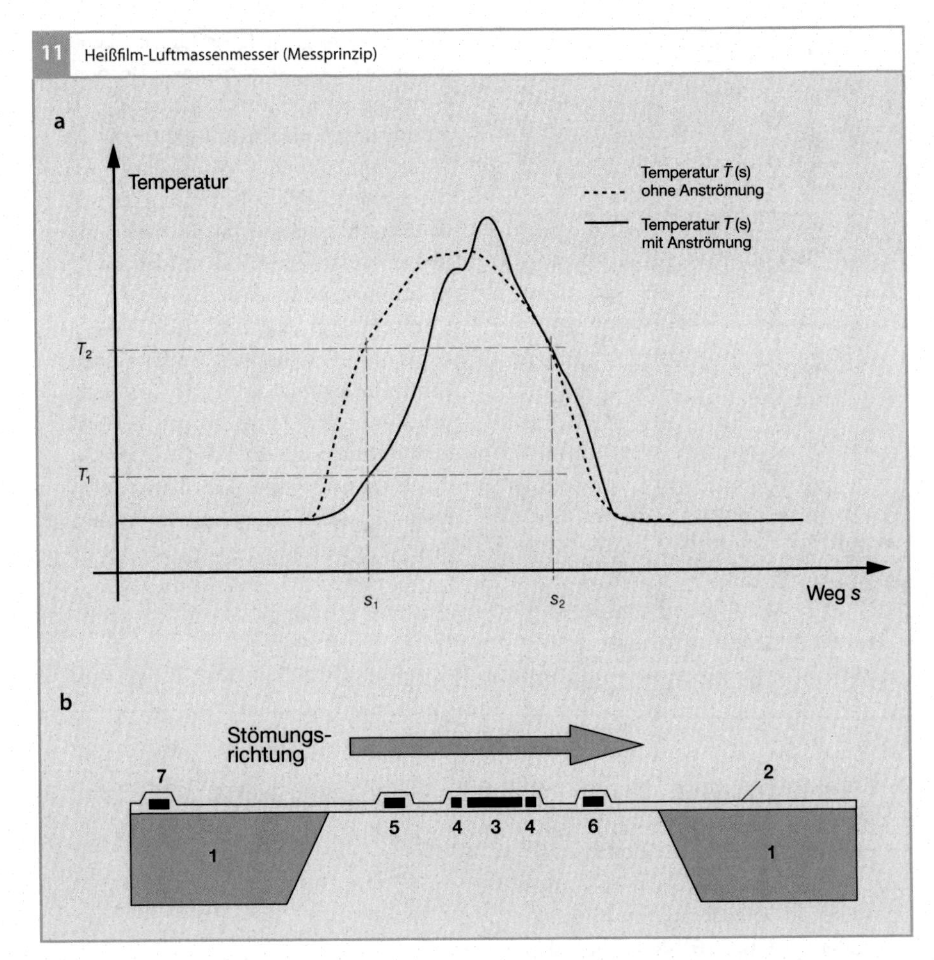

Bild 11
a Temperaturprofil entlang der Strömungsrichtung
b Querschnitt durch das mikromechanische Sensorelement

1 Siliziumrahmen
2 Membran
3 Heizwiderstand
4 Heizungs-temperatursensor
5, 6 Temperatur-sensoren
7 Ansaugluft-temperatursensor

Heißfilm-Luftmassenmesser

Anwendung

Eine genaue Vorsteuerung des Luft-Kraftstoff-Verhältnisses setzt voraus, dass die im jeweiligen Betriebszustand zugeführte Luftmasse präzise bestimmt wird. Zu diesem Zweck misst der Heißfilm-Luftmassenmesser einen Teilstrom des tatsächlich angesaugten Luftmassenstroms. Er berücksichtigt auch die durch das Öffnen und Schließen der Ein- und Auslassventile hervorgerufenen Pulsationen und Rückströmungen. Änderungen der Ansauglufttemperatur oder des Luftdrucks haben keinen Einfluss auf die Messgenauigkeit.

Aufbau und Arbeitsweise

Heißfilm-Luftmassenmesser (HFM) arbeiten nach einem thermischen Messprinzip. Der Heißfilm-Luftmassenmesser in Bild 11b enthält ein mikromechanisches Sensorelement, das auf einem Silizium-Rahmen (1) eine Sensor-Membran (2) aufspannt. In der Mitte der Sensor-Membran befindet sich ein Heizbereich, der mit Hilfe eines Heizwiderstands (3) und eines Temperaturfühlers (4) auf eine Temperatur geregelt wird, die deutlich über

12 Kennlinie eines Heißfilm-Luftmassenmessers

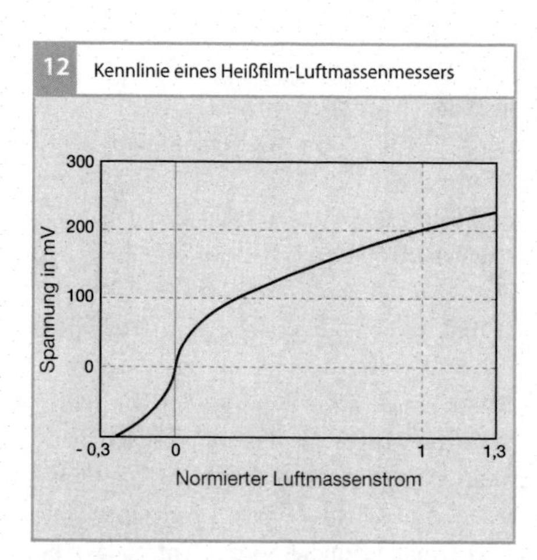

13 Heißfilm-Luftmassenmesser

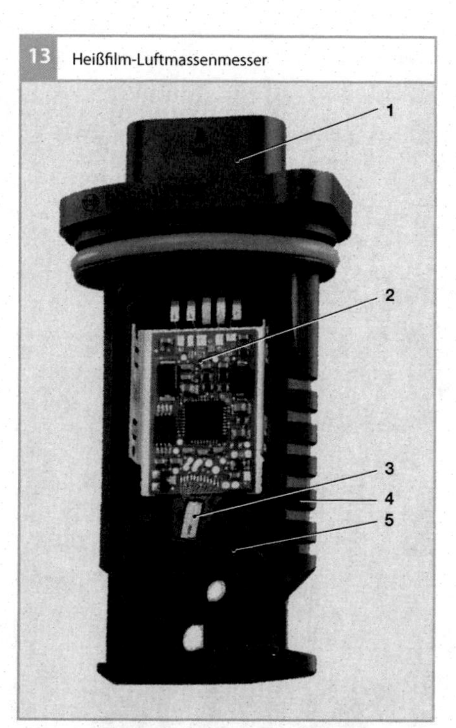

Bild 13
1 elektrische Anschlüsse (Stecker)
2 Auswertelektronik
3 Sensorelement
4 Sensorgehäuse
5 Messkanal

der Temperatur der Ansaugluft liegt. Ein auf dem Silizium-Rahmen liegender Temperatursensor (7) erfasst die Temperatur der angesaugten Luft als Referenz. Durch die implementierte analoge Regelung wird die Membran auf eine Temperatur geregelt, die ca. 100 K höher ist als die angesaugte Luft.

Ohne Anströmung fällt die Temperatur $\tilde{T}$ vom Heizbereich zu den Membranrändern hin symmetrisch ab (Bild 11a). Stromauf und stromab des Heizbereichs befinden sich Messpunkte s_1 und s_2, die in diesem Fall auf demselben Temperaturniveau liegen, d. h.

$$\tilde{T}(s_1) = \tilde{T}(s_2) = T_2 .$$

Mit der Anströmung wird durch die Wärmeübertragung von der heißen Membran an den kälteren Luftmassenstrom der stromauf des Heizbereiches liegende Teil der Membran abgekühlt und die Temperatur an der Stelle s_1 sinkt auf $T(s_1) = T_1$, wie Bild 11a zeigt. Die vorbeiströmende Luft heizt sich über dem Heizbereich auf. Der stromab liegende Temperaturfühler behält durch die Erwärmung der Luft im Heizbereich seine Temperatur $T(s_2) = T_2$ näherungsweise bei. Die Temperaturfühler weisen damit eine Temperaturdifferenz auf, die in Betrag und Richtung von der Anströmung abhängt. Die Temperaturdifferenz wird über eine Messbrücke erfasst und repräsentiert die Luftmasseninformation. Die Ausgangsspannung ist in Bild 12 als Funktion des Luftmassenstroms dargestellt.

Auf Grund der sehr dünnen mikromechanischen Membran reagiert der Sensor sehr schnell auf Veränderungen (die Zeitkonstante liegt unter 15 ms). Dies ist besonders bei stark pulsierenden Luftströmungen wichtig. Eine Kontamination der Sensormembran mit Staub, Schmutzwasser oder Öl führt zu Fehlanzeigen der Luftmasse und muss deshalb vermieden werden.

Der Heißfilm-Luftmassenmesser in Bild 13 ragt mit seinem Gehäuse in ein Messrohr, das je nach der für den Motor benötigten Luftmasse unterschiedliche Durchmesser haben kann. In den Sensor ist ein Elektronikmodul integriert, das die Auswerteelektronik (2) und das mikromechanische Sensorelement (3) trägt. Die Auswerteelekt-

14 Messkanal des Heißfilm-Luftmassenmessers

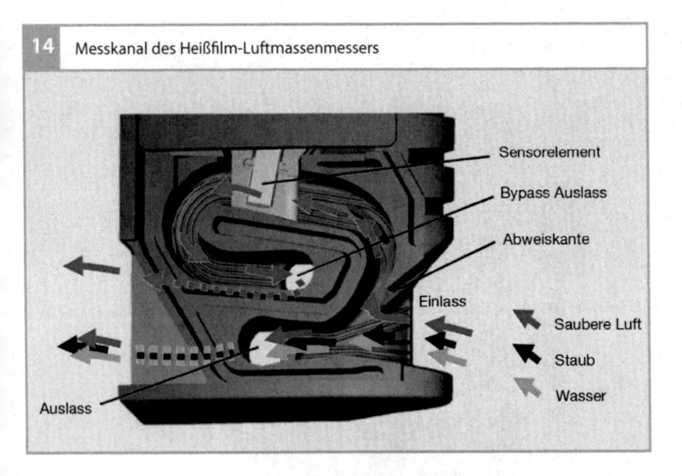

15 Heißfilm-Luftmassenmesser als Sensormodul

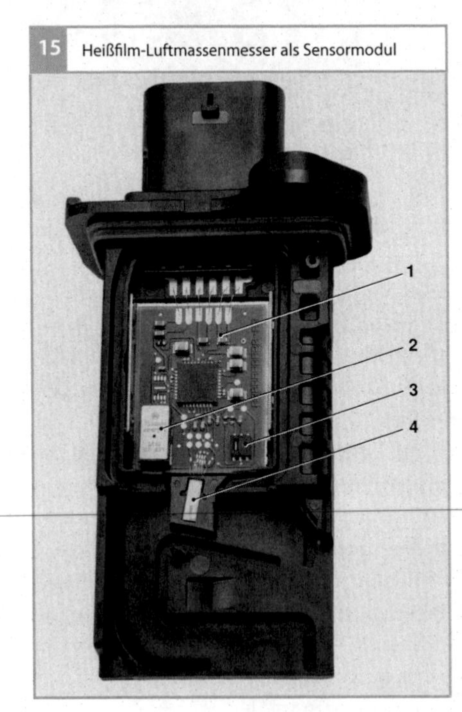

Bild 15
1 Standard-Heißfilm-Luftmassenmesser
2 Drucksensor
3 Feuchtesensor
4 Sensorelement mit integriertem Temperatursensor

ronik ist über elektrische Anschlüsse (1) mit dem Steuergerät verbunden.

Zur Verbesserung des Kontaminationsschutzes wird der Messkanal (Bild 13, Pos. 5 und Bild 14) zweiteilig ausgeführt. Der Kanal, der am Sensorelement vorbeiführt, weist eine scharfe Kante auf, die von der Luft umströmt werden muss. Schwere Partikel und Schmutzwassertropfen können dieser Umlenkung nicht folgen und werden aus dem Teilstrom ausgeschieden. Sie verlassen den Sensor über einen zweiten Kanal. Dadurch gelangen deutlich weniger Schmutzpartikel und Tropfen zum Sensorelement, sodass die Kontamination reduziert wird und die Lebensdauer des Luftmassenmessers auch bei Betrieb mit kontaminierter Luft deutlich verlängert wird.

Der Heißfilm-Luftmassenmesser als Sensormodul

Der Heißfilm-Luftmassenmesser wird bei einigen Anwendungen als Sensormodul verwendet (Bild 15), das den Luftmassenstrom, den Ansaugdruck, die Ansaugtemperatur und die Luftfeuchte der Ansaugluft bestimmt. Damit werden im Luftmassenmesser alle für die Füllungserfassung und Füllungsdiagnose relevanten Größen bestimmt.

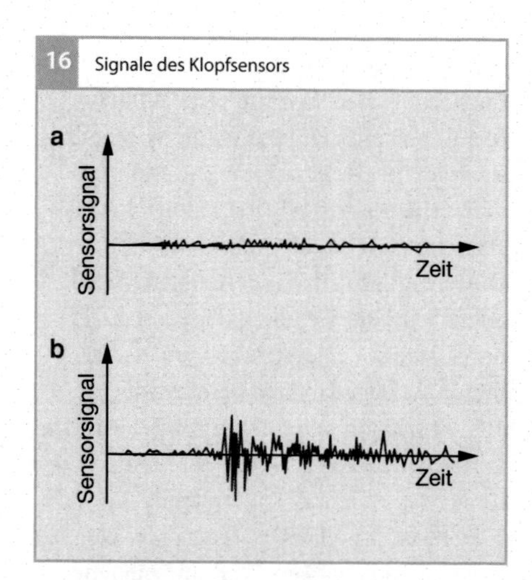

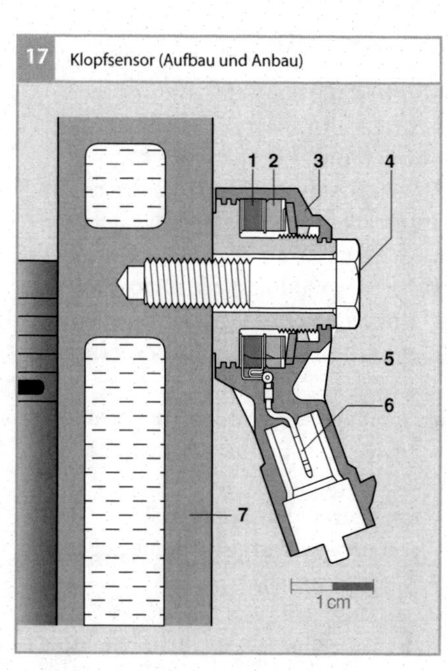

Bild 16
a ohne Klopfen
b mit Klopfen

Bild 17
1 Piezokeramik
2 seismische Masse
3 Gehäuse
4 Schraube
5 Kontaktierung
6 elektrischer Anschluss
7 Motorblock

Piezoelektrische Klopfsensoren

Anwendung

Klopfsensoren sind vom Funktionsprinzip Vibrationssensoren und eignen sich zum Erfassen von Körperschallschwingungen. Diese treten z. B. in Ottomotoren bei unkontrollierten Verbrennungen als „Klopfen" auf. Sie werden vom Klopfsensor in elektrische Signale umgewandelt (Bild 16) und dem Motorsteuergerät zugeführt, das durch Verstellen des Zündwinkels dem Motorklopfen entgegenwirkt.

Aufbau und Arbeitsweise

Eine vom Gehäuse entkoppelte (seismische) Masse (Bild 17, Pos. 2) übt aufgrund ihrer Trägheit Druckkräfte im Rhythmus der anregenden Schwingungen auf eine ringförmige Piezokeramik (1) aus. Diese Kräfte bewirken innerhalb der Keramik eine Ladungsverschiebung. Zwischen der Keramikober- und -unterseite (bezogen auf die Richtung der Befestigungsschraube) entsteht eine elektrische Spannung, die über Kontaktscheiben (5) abgegriffen und im Motorsteuergerät weiterverarbeitet wird.

Anbau

Für 4-Zylinder-Motoren ist ein Klopfsensor ausreichend, um die Klopfsignale für alle Zylinder zu erfassen. Höhere Zylinderzahlen erfordern zwei oder mehr Klopfsensoren. Der Anbauort der Klopfsensoren am Motor ist so ausgewählt, dass das Klopfen aus jedem Zylinder sicher erkannt werden kann. Er liegt meist auf der Breitseite des Motorblocks. Die entstehenden Signale (Körperschallschwingungen) müssen vom Messort am Motorblock resonanzfrei in den Klopfsensor eingeleitet werden können. Hierzu ist eine feste Schraubverbindung mit einem definierten Drehmoment erforderlich. Die Auflagefläche und die Bohrung im Motor müssen eine vorgeschriebene Güte aufweisen und es dürfen keine Unterleg- oder Federscheiben zur Sicherung verwendet werden.

Mikromechanische Drucksensoren

Anwendung

Mikromechanische Drucksensoren erfassen den Druck verschiedener Medien im Fahrzeug, z. B.:

- den Saugrohrdruck, z. B. für die Lasterfassung in Motormanagementsystemen,
- den Ladedruck für die Ladedruckregelung,
- den Umgebungsdruck für die Berücksichtigung der Luftdichte z. B. in der Ladedruckregelung,
- den Öldruck für die Kontrolle der Motorschmierung (und ggf. Warnung über die Kontrollleuchte),
- den Kraftstoffdruck für die Überwachung des Verschmutzungsgrads des Kraftstofffilters und zur Erfassung des Füllstandes von Kraftstofftanks,
- den Differenzdruck, z. B. zur Überwachung des Beladungszustandes von Diesel-Partikelfiltern.

Arbeitsweise von Drucksensoren

Die Messzelle mikromechanischer Drucksensoren besteht aus einem Silizium-Chip (Bild 18a, Pos. 2), in den mit Hilfe von mikromechanischen Prozessen eine dünne Membran eingeätzt ist (1). Auf der Membran sind vier Messwiderstände eindiffundiert, deren elektrischer Widerstand sich bei mechanischer Dehnung ändert.

Abhängig von der anliegenden Druckdifferenz wird die Membran der Sensorzelle durchgebogen. Die Verschiebung der Membranmitte liegt dabei im Bereich von 10 … 1 000 µm und nimmt mit steigendem Differenzdruck zu. Die vier Messwiderstände auf der Membran ändern (gemäß dem piezoresistiven Effekt) aufgrund der Durchbiegung und den damit verbundenen mechanischen Dehnungen oder Stauchungen ihren elektrischen Widerstand.

Die Messwiderstände sind auf dem Silizium-Chip so angeordnet, dass der elektrische Widerstand von zwei Messwiderständen zunimmt und von den beiden anderen abnimmt. Sie werden als Brückenschaltung angeordnet (Bild 18b). Diese Messspannung U_M ist damit ein Maß für den an der Membran anliegenden Differenzdruck.

Die Elektronik für die Signalaufbereitung ist auf dem Chip integriert (Bild 19) und hat die Aufgabe, die Brückenspannung zu verstärken, Temperatureinflüsse zu kompensieren und die Druckkennlinie zu linearisieren. Die Ausgangsspannung liegt typischerweise im Bereich von 0 … 5 V und wird über elektrische Anschlüsse dem Motorsteuergerät zugeführt. Das Steuergerät berechnet aus dieser Ausgangsspannung den gemessenen Druck.

Drucksensoren zur Messung eines Absolutdruckes sind ähnlich aufgebaut wie Drucksensoren zur Differenzdruckmessung. Der zur Durchbiegung der Sensormembran erforderliche Differenzdruck ergibt sich in diesem Fall aus dem zu messenden Absolutdruck und einem Referenzvakuum. Das Referenzvakuum wurde in der Vergangen-

Bild 18
a Schnittbild
b Brückenschaltung

1 Membran
2 Silizium-Chip
3 Träger
p Messdruck
U_0 Versorgungsspannung
U_M Messspannung
R_1 Dehnwiderstand (gestaucht)
R_2 Dehnwiderstand (gedehnt)

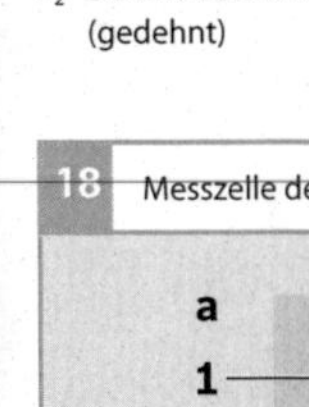

18 Messzelle des Drucksensors

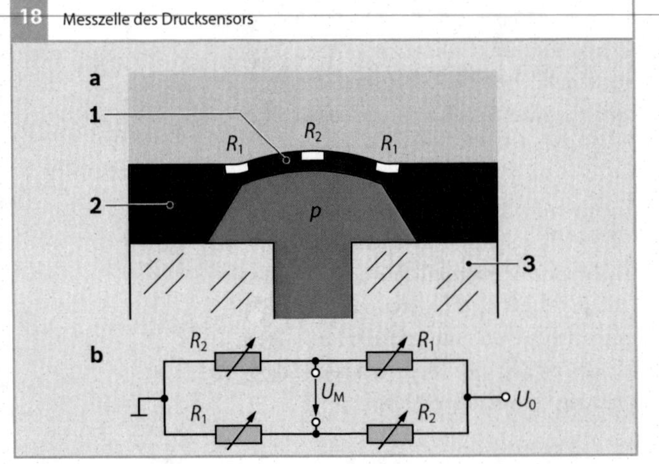

19 Mikromechanischer Drucksensor mit integrierter Auswerteelektronik

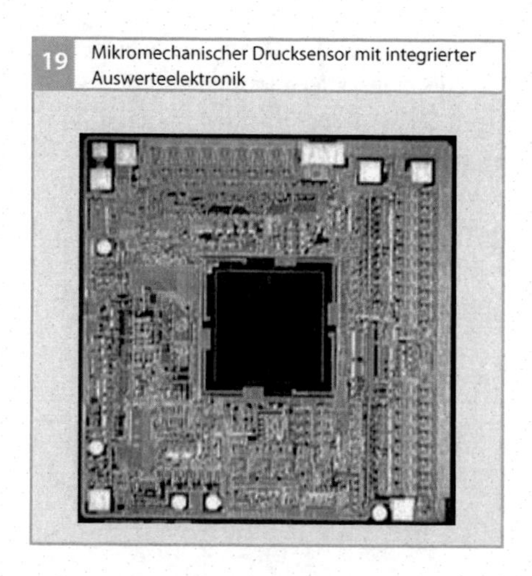

20 Mikromechanische Absolutdrucksensoren mit Referenzvakuum im Querschnitt

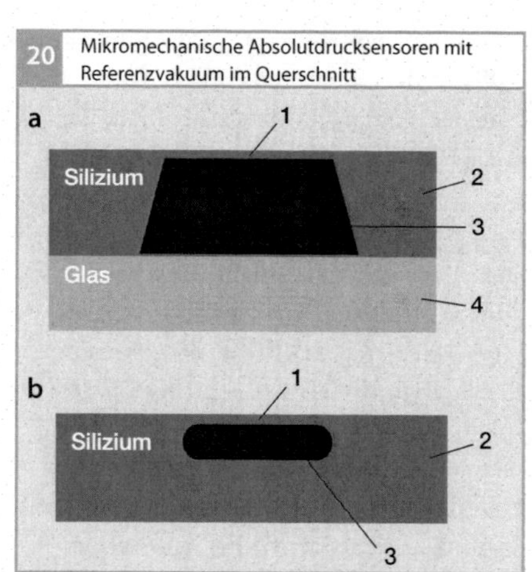

Bild 20
a Referenzvakuum in einer Kaverne
b Absolutdrucksensor in Oberflächen-Mikromechanik

1 Membran
2 Silizium-Chip
3 Referenzvakuum
4 Glasträger

heit in einem Sensorgehäuse mit Kappe realisiert. Ein erster Kostenfortschritt wurde durch Konzepte erreicht, die ein Referenzvakuum direkt unter der Sensormembran einschließen (Bild 20a). Bei aktuellen Absolutdrucksensoren wird die Sensormembran und das Referenzvakuum durch Prozesse der Oberflächen-Mikromechanik direkt auf dem Sensor-Chip realisiert (Bild 20b). Durch die höhere Integrationsdichte und die einfacheren Aufbau- und Verbindungsprozesse ergibt sich ein weiterer Kostenvorteil.

Aufbau von Drucksensoren

Der Aufbau der Drucksensoren ist abhängig von der jeweiligen Anwendung. Ausgangspunkt ist eine Messzelle (Bild 21). Die Kontakte des Sensor-Chips werden auf das Lead-Frame eines Premold-Gehäuses gebondet. Die so entstehende Messzelle wird in ein Gehäuse montiert, wobei die Kontaktierung von der Messzelle zu den Kontakten des Steckers über Bond- oder Schweißprozesse erfolgt. Nach Montage und Kontaktierung wird das Sensorgehäuse mit Deckeln verschlossen. Zur Steigerung der Sensor-Robustheit wird die Oberseite des Sensor-Chips mit einem speziellen Gel gegen Umwelteinflüsse geschützt.

21 Messzelle zur Absolutdruckmessung

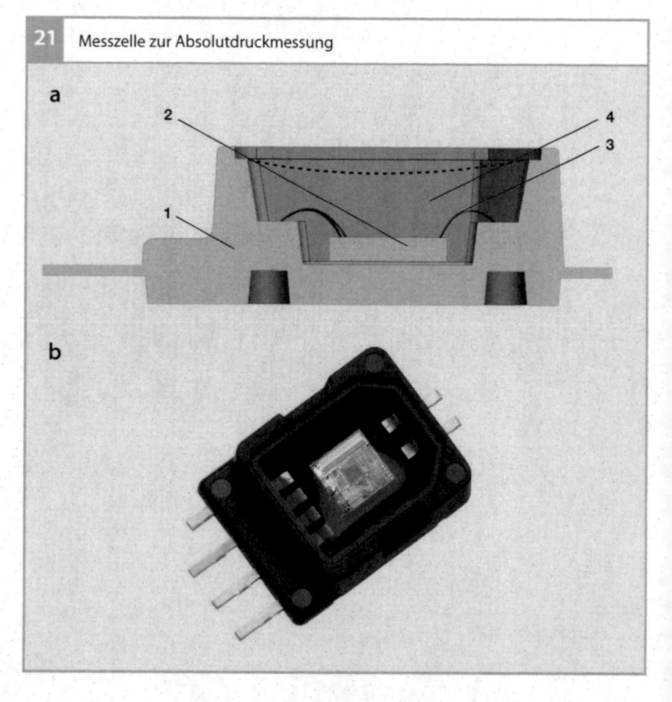

Bild 21
a Aufbau
b Ausführungsform

1 Premould-Gehäuse mit Lead-Frame
2 Sensor-Chip mit Auswerteschaltung
3 Dünndraht-Bond-Verbindung
4 Schutzgel

Absolutdrucksensoren (Bild 22) und Differenzdrucksensoren (Bild 23) unterscheiden sich in der Messzelle und in dem konstruktiven Aufbau. Bei der Absolutdruckmessung wird die Sensormembran einseitig mit dem zu messenden Druck beaufschlagt, der erforderliche Gegendruck ergibt sich aus dem eingeschlossenen Referenz-Vakuum. Bei Differenzdrucksensoren, die die Druckdifferenz $p_1 - p_2$ bestimmen sollen, wird der Druck p_1 zur Membran-Oberseite und der Druck p_2 zur Membran-Unterseite zugeführt. Weiteres Ziel der Konstruktion ist der Schutz des Sensors vor schädigenden Umwelteinflüssen, wobei hier ein Kompromiss zwischen geeigneter Zugänglichkeit für den Druck und Schutz des Sensors eingegangen werden muss.

Im Gehäuse des Drucksensors kann zusätzlich ein Temperatursensor integriert sein, dessen Signale unabhängig ausgewertet werden können.

22 Saugrohr-Drucksensor als Beispiel für einen Absolutdrucksensor (Aufbau)

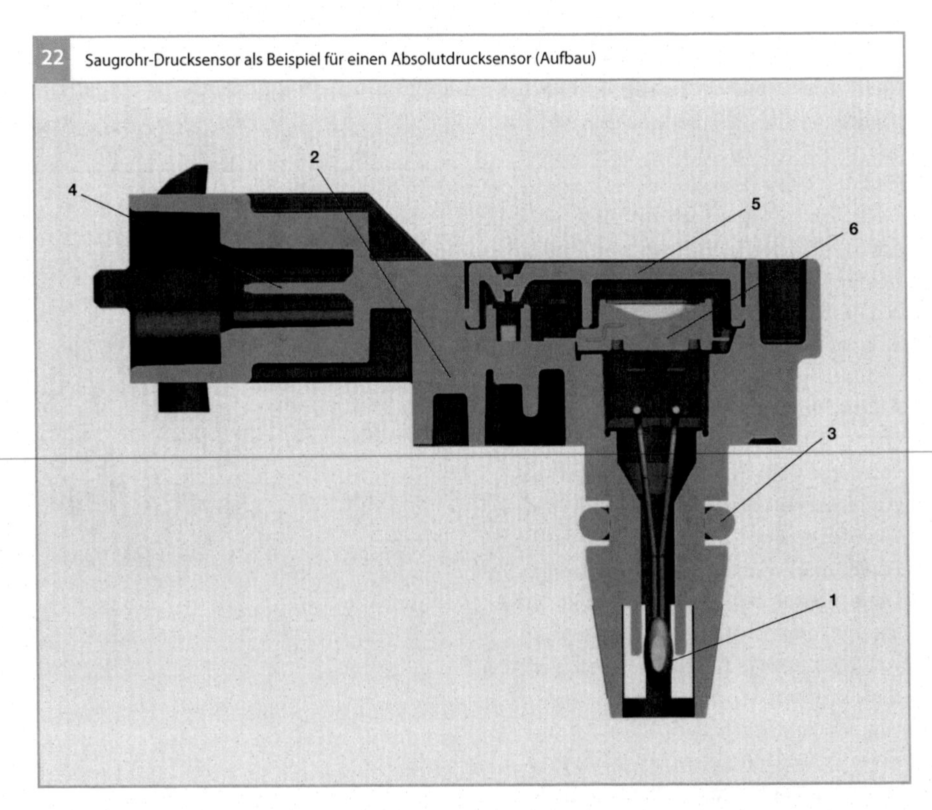

Bild 22
1 Temperatursensor (NTC)
2 Gehäuseunterteil
3 Dichtring
4 elektrischer Anschluss (Stecker)
5 Gehäusedeckel
6 Messzelle zur Absolutdruckmessung

23 Tankdrucksensor als Beispiel für einen Differenzdrucksensor (Aufbau)

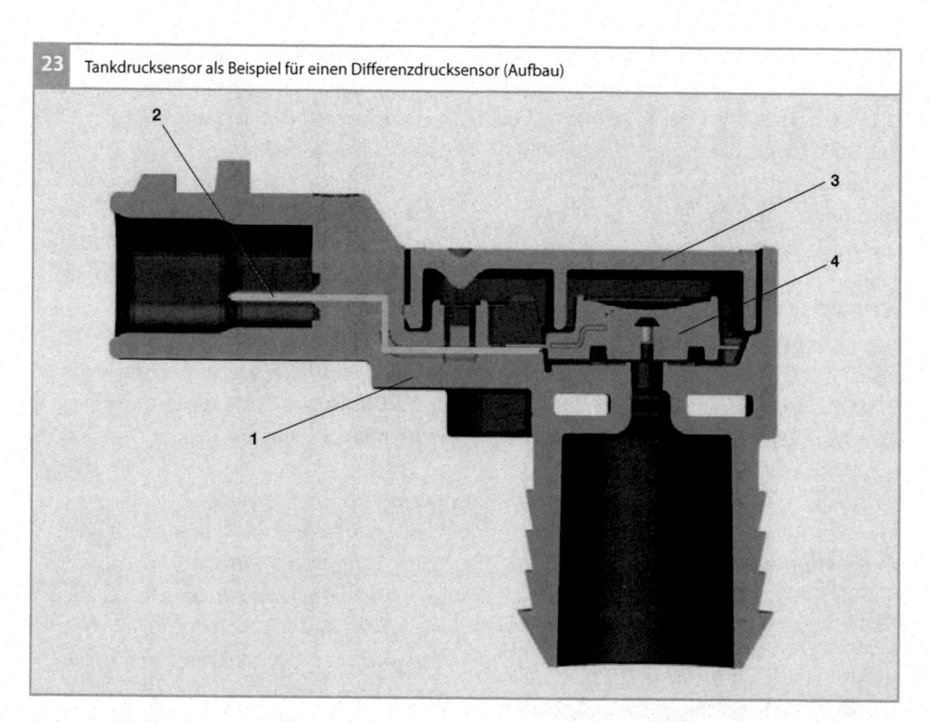

Bild 23
1 Gehäuseunterteil
2 elektrischer Anschluss (Stecker)
3 Gehäusedeckel
4 Messzelle zur Differenzdruckmessung

Hochdrucksensoren

Anwendung

Hochdrucksensoren werden im Kraftfahrzeug zur Messung von Kraftstoffdruck und Bremsflüssigkeitsdruck eingesetzt, z. B. als Raildrucksensor für ein Benzin-Direkteinspritzsystem (mit einem Druck bis 200 bar) oder für ein Dieseleinspritzsystem mit Common Rail (mit einem Druck bis 2 000 bar) und als Bremsflüssigkeitsdrucksensor im Hydroaggregat des elektronischen Stabilitätsprogramms (mit einem Druck bis 350 bar).

Aufbau und Arbeitsweise

Hochdrucksensoren arbeiten nach dem gleichen Prinzip wie mikromechanische Drucksensoren. Den Kern des Sensors bildet eine Stahlmembran, auf der Dehnwiderstände in Brückenschaltung aufgedampft sind (Bild 24, Pos. 3). Der Messbereich des Sensors hängt von der Dicke der Membran ab. Je dicker die

24 Hochdrucksensor

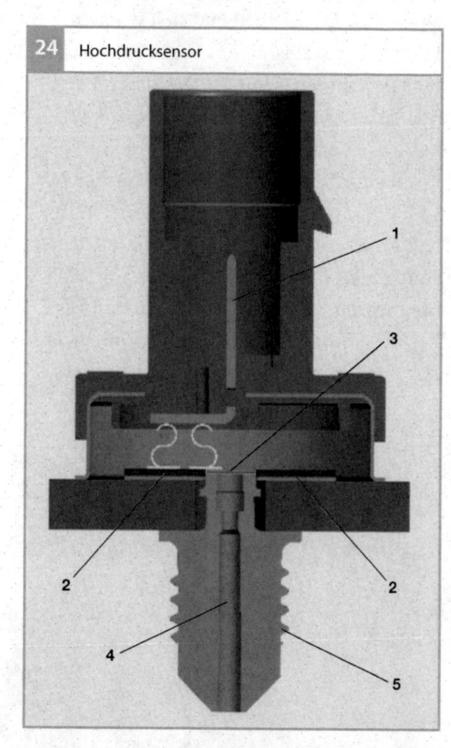

Bild 24
1 Elektrischer Anschluss (Stecker)
2 Auswerteschaltung
3 Stahlmembran mit Dehnwiderständen
4 Druckanschluss
5 Befestigungsgewinde

Membran ist, desto höhere Drücke können gemessen werden. Sobald der zu messende Druck über den Druckanschluss (4) auf die eine Seite der Membran wirkt, ändern die Dehnwiderstände aufgrund der Membrandurchbiegung ihren Widerstandswert. Die von der Brückenschaltung erzeugte Ausgangsspannung ist proportional zum anliegenden Druck. Sie wird über Verbindungsleitungen (Bonddrähte) zu einer Auswerteschaltung (2) im Sensor geleitet. Diese verstärkt das Brückensignal auf 0 ... 5 V und leitet es dem Steuergerät zu, das daraus mithilfe einer Kennlinie den Druck berechnet.

λ-Sonden

Grundlagen

λ-Sonden messen den Sauerstoffgehalt im Abgas. Sie werden zur Regelung des Luft-Kraftstoff-Verhältnisses in Kraftfahrzeugen eingesetzt. Der Name leitet sich von der Luftzahl λ ab. Sie gibt das Verhältnis der aktuellen Luftmenge zur theoretischen Luftmenge an, die für eine vollständige Verbrennung des Kraftstoffs benötigt wird. Sie kann im Abgas nicht direkt bestimmt werden, sondern nur indirekt über den Sauerstoffgehalt im Abgas oder über die benötigte Sauerstoffmenge zum vollständigen Umsatz der brennbaren Komponenten. λ-Sonden bestehen aus Platinelektroden, die auf einem Sauerstoffionen leitenden, keramischen Festelektrolyten (z. B. ZrO_2) angebracht sind. Das Signal von allen λ-Sonden beruht auf elektrochemischen Reaktionen unter Beteiligung von Sauerstoff.

Die eingesetzten Platinelektroden katalysieren die Reaktion von Resten der oxidierbaren Anteile im Angas (CO, H_2 und Kohlenwasserstoffe $C_xH_yO_2$) mit Restsauerstoff. λ-Sonden messen folglich nicht den realen Sauerstoff im Abgas, sondern den, der dem chemischen Gleichgewicht des Abgases entspricht. Sie setzen sich aus Nernst- und Pumpzellen zusammen.

Nernstzelle

Der Ein- und Ausbau von Sauerstoffionen in das Festelektrolytgitter ist abhängig vom Sauerstoffpartialdruck an der Oberfläche der Elektrode (Bild 25). So treten bei niedrigem Partialdruck mehr Sauerstoffionen aus als ein. Die frei werdenden Leerstellen im Gitter werden von nachrückenden Sauerstoffionen wieder besetzt. Aufgrund der dadurch resultierenden Ladungstrennung bei unterschiedlichen Sauerstoffpartialdrücken an den zwei Elektroden entsteht ein elektrisches Feld. Die elektrischen Feldkräfte drängen nachrückende Sauerstoffionen zurück und es bildet sich ein Gleichgewicht aus, dem die so genannte Nernstspannung entspricht.

Pumpzelle

Durch Anlegen einer Spannung, die kleiner oder größer als die sich ausbildende Nernstspannung ist, kann dieser Gleichgewichtszustand verändert und Sauerstoffionen aktiv durch die Keramik transportiert werden. Zwischen den Elektroden entsteht damit ein Strom, getragen von Sauerstoffionen. Entscheidend für die Richtung und Stärke ist dabei die Differenz zwischen angelegter Spannung U_P und sich ausbildender Nernstspannung. Dieser Vorgang wird elektrochemisches Pumpen genannt.

25 Nernstzelle

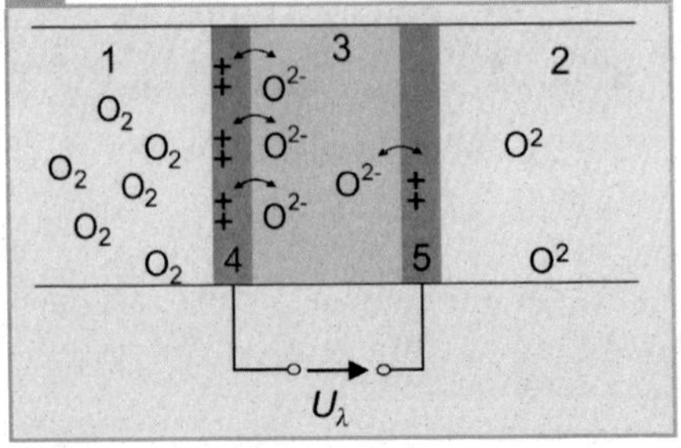

Bild 25
1 Referenzgas
2 Abgas
3 Festelektrolyt aus Y-dotiertem ZrO_2
4 Anode
5 Kathode
O^{2-} Sauerstoffion
U_λ Sondenspannung

Zweipunkt-λ-Sonden

Anwendung

Zweipunkt-λ-Sonden zeigen an, ob ein fettes ($\lambda < 1$, Kraftstoffüberschuss) oder ein mageres Luft-Kraftstoff-Gemisch ($\lambda > 1$, Luftüberschuss) vorliegt. Mit ihrer Hilfe kann aufgrund des steilen Teils der Kennlinie der Sauerstoffpartialdruck von stöchiometrischen Luft-Kraftstoff-Gemischen sehr genau gemessen werden. Durch die Regelung der Kraftstoffmenge wird ein möglichst schadstoffarmes Abgas erzielt.

Wirkungsweise

Die Wirkungsweise beruht auf dem Prinzip einer Nernstzelle (NZ, Bild 25). Das Nutzsignal ist die Nernstspannung U_λ, die sich zwischen je einer dem Abgas und einer dem Referenzgas ausgesetzten Elektrode ausbildet. Sie ist proportional zum Logarithmus aus dem Verhältnis zwischen dem Partialdruck des Referenzgases $p_R(O_2)$ und dem Partialdruck des Abgases $p_A(O_2)$. Die Proportionalitätskonstante setzt sich aus der Faradaykonstante F, der allgemeinen Gaskonstante R und der absoluten Temperatur T zusammen und ergibt (siehe z. B. [3]):

$$U_\lambda = \frac{RT}{4F} \ln \frac{p_R(O_2)}{p_A(O_2)}.$$

Die Kennlinie der Nernstspannung ist sehr steil bei $\lambda = 1$ (Bild 26).

In mageren Luft-Kraftstoff-Gemischen steigt die Nernstspannung linear mit der Temperatur an. In fetten Luft-Kraftstoff-Gemischen dagegen dominiert der Einfluss der Temperatur auf den Gleichgewichtssauerstoffpartialdruck. Die Gleichgewichtseinstellung an der Abgaselektrode ist auch die Ursache für sehr kleine Abweichungen des λ-Sprungs vom exakten Wert. Zum Schutz vor Verschmutzungen und zur Förderung der Gleichgewichtseinstellung durch Begrenzung der Zahl der ankommenden Gasteilchen ist die Abgaselektrode mit einer porö-

Bild 26
U_λ Sondenspannung
$p_A(O_2)$ Sauerstoffpartialdruck im Abgas
λ Luftzahl

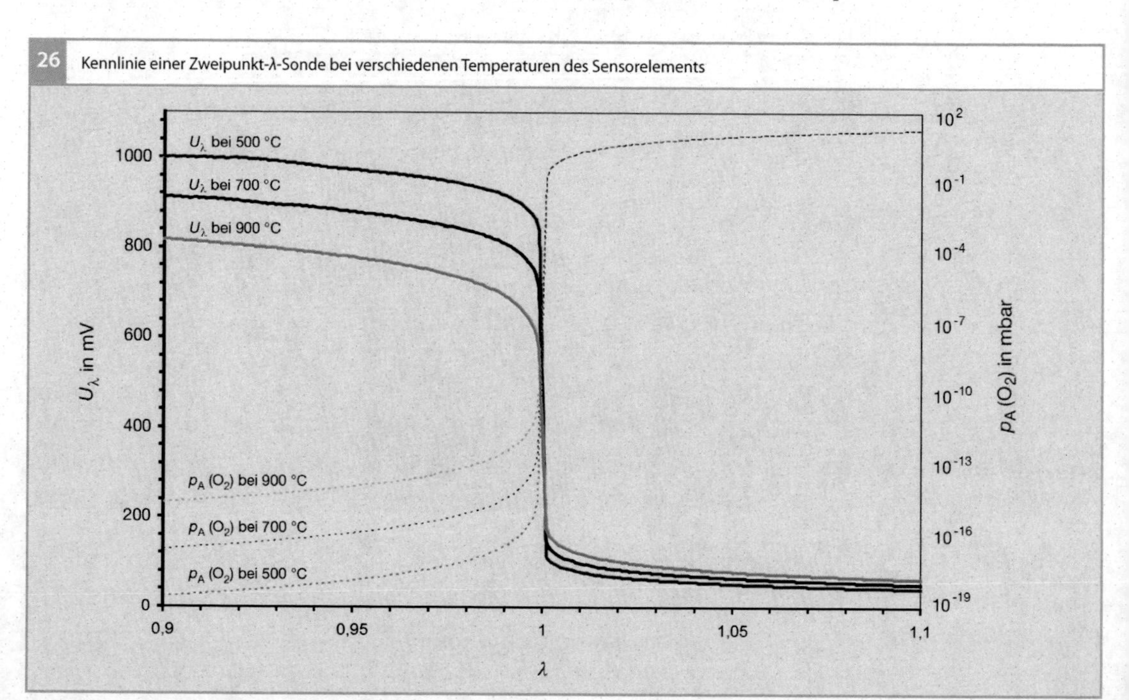

Kennlinie einer Zweipunkt-λ-Sonde bei verschiedenen Temperaturen des Sensorelements

sen Keramikschutzschicht abgedeckt. Wasserstoff und Sauerstoff diffundieren durch die poröse Schutzschicht und werden an der Elektrode umgesetzt. Zum vollständigen Umsatz des schneller diffundierenden Wasserstoffs an der Elektrode muss mehr Sauerstoff an der Schutzschicht zur Verfügung stehen; im Abgas muss ein insgesamt leicht mageres Luft-Kraftstoff-Gemisch vorliegen.

Die Kennlinie ist daher in Richtung mager verschoben. Dieser „λ-Shift" wird bei der Regelung elektronisch kompensiert. Zur Ausbildung des Signals wird ein Referenzgas benötigt, das vom Abgas durch die ZrO_2-Keramik gasdicht abgetrennt ist. In Bild 27 ist der Aufbau eines planaren Sensorelements mit Referenzluftkanal dargestellt. Bei diesem Typ wird als Referenzgas Luft aus der Umgebung verwendet.

Bild 28 zeigt das Element im Sensorgehäuse. Abgas- und Referenzgasseite sind über die Dichtpackung gasdicht voneinander getrennt. Die Referenzgasseite im Gehäuse wird entlang der elektrischen Zuleitungen ständig mit Referenzluft versorgt. Als Alternative zur Referenzluft werden verstärkt Systeme mit „gepumpter" Referenz verwendet. Unter Pumpen versteht man hier den aktiven Transport von Sauerstoff in der ZrO_2-Keramik durch Einprägen eines Stroms, wobei der so gering gewählt wird, dass die eigentliche Messung nicht gestört wird. Die Referenzelektrode selbst ist über einen dichteren Ausgang im Element an den Referenzgasraum angebunden. Dadurch baut sich ein Sauerstoffüberdruck an der Referenzelektrode auf. Dieses System bietet einen zusätzlichen Schutz gegen in den Referenzgasraum vordringende Gaskomponenten.

Robustheit

Das keramische Sensorelement ist durch ein Schutzrohr vor dem direkten Abgasstrom

27 Aufbau einer planaren Zweipunkt-λ-Sonde mit Beschaltung (Explosionszeichnung)

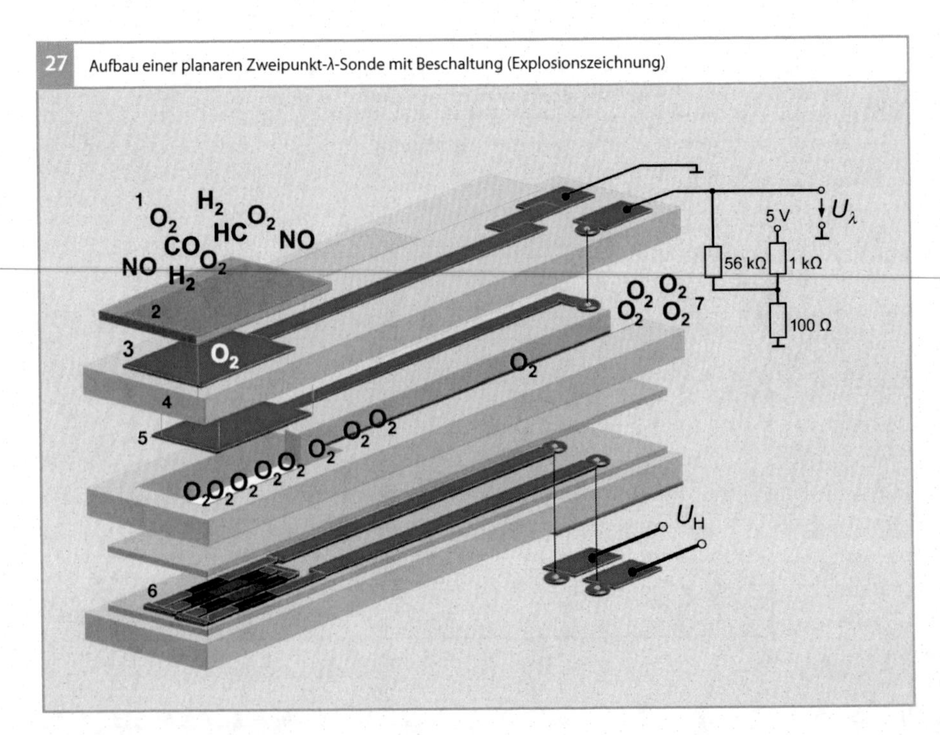

Bild 27
Die senkrechten blauen Linien symbolisieren leitende Verbindungen
1 Abgas
2 Schutzschicht
3 Außenelektrode
4 Nernstzelle
5 Referenzelektrode
6 Heizer
7 Referenzluft

geschützt (Bild 28). Dieses enthält Öffnungen, durch die nur ein geringer Anteil des Abgases zum Sensorelement geführt wird. Es verhindert starke thermische Beanspruchungen durch den Abgasstrom und bietet gleichzeitig einen mechanischen Schutz für das keramische Element.

Die meisten Zweipunkt-λ-Sonden sind zusätzlich mit einem Heizer ausgerüstet (Bild 27). Dieser erlaubt das schnelle Aufheizen (Fast-Light-Off, FLO) des Sensorelements auf die Betriebstemperatur und ermöglicht eine früh verfügbare Regelbereitschaft.

In der Praxis wird die λ-Sonde nach dem Motorstart häufig erst verzögert eingeschaltet. Wasser, das als Verbrennungsprodukt entsteht und im kalten Abgastrakt wieder kondensiert, wird vom Abgas transportiert und kann zum Sensorelement gelangen. Trifft ein derartiger Tropfen auf ein heißes Sensorelement, so verdampft er augenblicklich und entzieht dem Sensorelement lokal sehr viel Wärme; es entsteht ein Thermoschock. Die dabei auftretenden starken mechanischen Spannungen können zum Bruch des keramischen Sensorelements führen. In vielen Motorapplikationen wird der Sensor deshalb erst nach ausreichender Erwärmung des Abgastraktes eingeschaltet. In neueren Entwicklungen werden die Keramikelemente mit einer porösen keramischen Schicht (Thermal Shock Protection, TSP) umgeben, die zu einer deutlichen Robustheitssteigerung hinsichtlich des Thermoschocks führt (Bild 29). Beim Auftreffen eines Wassertropfens verteilt sich dieser in der porösen Schicht. Die lokale Auskühlung wird breiter verteilt und mechanische Spannungen vermindert.

An das Gehäuse (Bild 28) werden hohe Temperaturanforderungen gestellt, die den Einsatz hochwertiger Materialien erfordern. Im Abgas können Temperaturen von über 1 000 °C auftreten, am Sechskant noch 700 °C und am Kabelabgang bis zu 280 °C. Aus diesem Grund kommen im heißen Bereich des Sensors nur keramische und metallische Werkstoffe zum Einsatz.

28 Zweipunkt-λ-Sonde: Sensorelement im Gehäuse

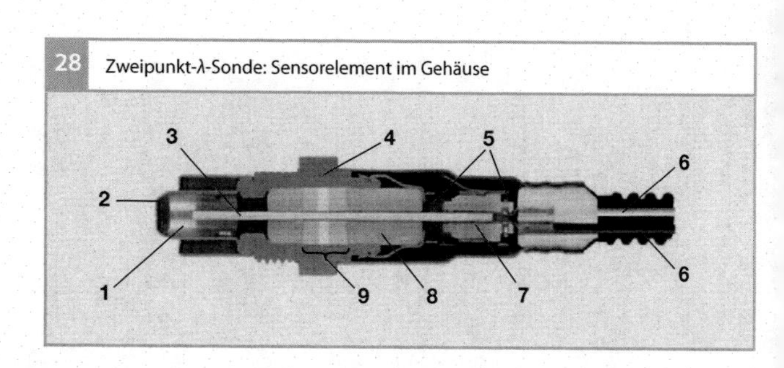

Bild 28
1 Abgasseite
2 Schutzrohr
3 Sensorelement
4 Sechskant
5 Referenzgas
6 elektrische Zuleitung
7 Kontaktierung
8 Stützkeramik
9 Dichtpackung

Beschaltung

In Bild 27 ist die Beschaltung einer Zweipunkt-λ-Sonde gezeigt. Da sie im kalten Zustand wegen der fehlenden Leitfähigkeit der ZrO_2-Keramik kein Signal generieren kann, ist sie über einen Widerstand an einen Spannungsteiler gekoppelt. Im kalten Zustand liegt das Sensorsignal auf ca. 450 mV, dem Wert eines stöchiometrisch verbrannten Gases (mit $\lambda = 1$). Mit zunehmender Temperatur ist der Sensor in der Lage, die Nernstspannung auszubilden. Bild 30 zeigt dazu den Aufheizvorgang. Nach ca. 10 s ist die λ-Sonde auf ausreichend hoher Temperatur, um extern vorgegebene Mager-Fett-Wechsel anzuzeigen. Im

29 Sensorelement mit zusätzlicher poröser Schutzschicht

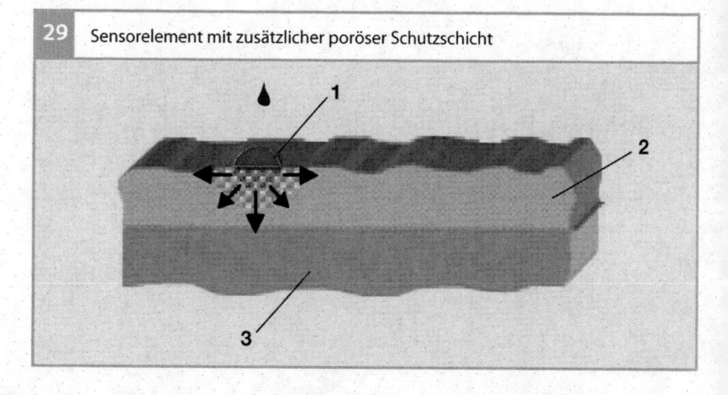

Bild 29
1 Wassertropfen
2 poröse Schutzschicht
3 Sensorelement

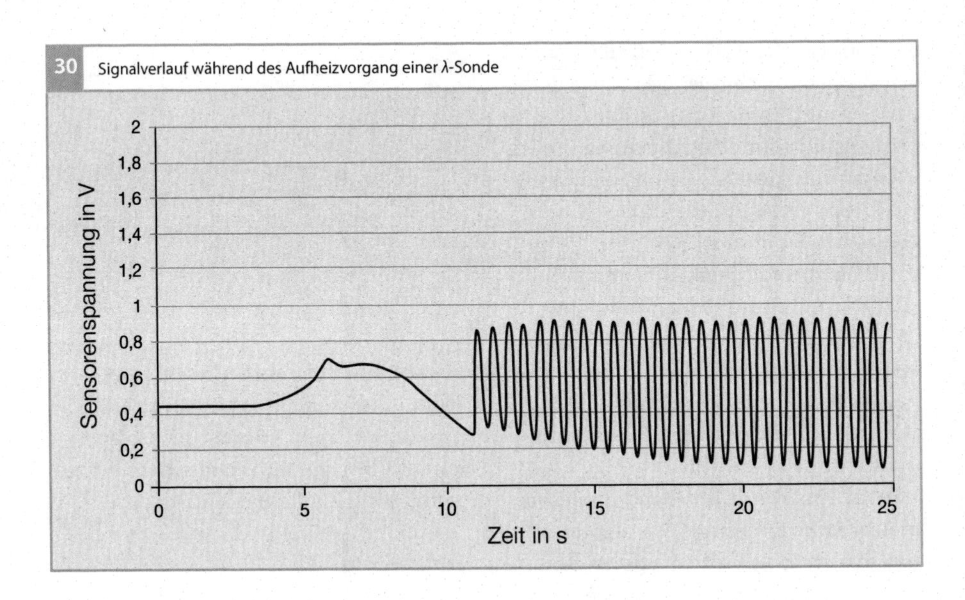

30 Signalverlauf während des Aufheizvorgang einer λ-Sonde

Fahrzeug kann dann auf Regelbetrieb umgeschaltet werden.

Ausführungsformen

Von den Zweipunkt-λ-Sonden gibt es verschiedene Ausführungsformen. Die Sensorelemente können in Form eines Fingers mit separatem Heizelement (Bild 31) oder als planares Element mit integriertem Heizer (Bild 27) ausgestaltet sein, das in Folientechnik hergestellt wird (siehe z. B. [2]).

Bild 31
1 Fingerelement
2 Heizelement
3 Dichtung
4 Stützkeramik

31 Zweipunkt-λ-Sonde mit keramischem Fingerelement

Breitband-λ-Sonde

Anwendung

Mit dem Sprungsensor kann der Sauerstoffpartialdruck von stöchiometrischen Luft-Kraftstoff-Gemischen im steilen Teil der Kennlinie sehr genau gemessen werden. Bei Luftüberschuss ($\lambda > 1$) oder Kraftstoffüberschuss verläuft die Kennlinie allerdings sehr flach (Bild 26).

Der große Messbereich von Breitband-λ-Sonden ($0{,}6 < \lambda < \infty$) ermöglicht erst den Einsatz in Systemen mit Direkteinspritzung und Schichtbetrieb sowie in Dieselmotoren. Durch ein mit der Breitband-λ-Sonde darstellbares stetiges Regelkonzept ergeben sich erhebliche Systemvorteile wie z. B. ein geregelter Bauteilschutz. Die hohe Signaldynamik von Breitband- λ-Sonden (Zeitkonstante $t_{63} < 100$ ms, Zeit bis zum Anwachsen auf 63 % des Maximalwerts) ermöglicht eine Verbesserung des Abgases in emissionsarmen Fahrzeugen, z. B. durch Einzelzylinderregelung.

Aufbau und Funktion

Die Breitband-λ-Sonde ist in einer einfachen Bauform (Einzeller) nur aus einer Pumpzelle aufgebaut, mit einer Elektrode im Abgas und einer zweiten in einem Referenzgasraum. In einer optimierten Bauform (Zweizeller) sind eine Nernstzelle und eine Pumpzelle kombiniert. Dabei ist die erste Elektrode der Pumpzelle dem Abgas zugewandt, die zweite befindet sich in einem Hohlraum in der Sauerstoffionenleitenden Keramik. In der optimierten Bauform ist darin auch eine Elektrode der Nernstzelle untergebracht, die zweite wie bei der Zweipunkt-λ-Sonde in einem Referenzgas. Der Abgaszutritt zum Hohlraum ist durch eine poröse keramische Struktur mit gezielt eingestellten Porenradien, die so genannte Diffusionsbarriere (DB), begrenzt.

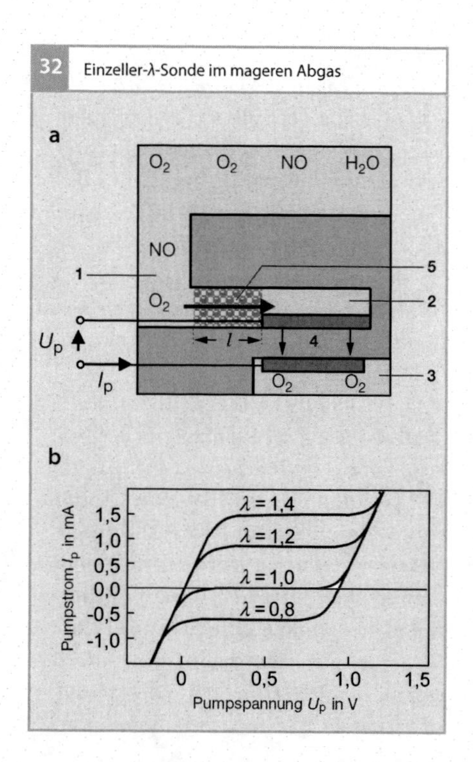

Bild 32
a Querschnitt
b Kennlinien

1 mageres Abgas
2 Hohlraum
3 Referenzluft
4 Pumpzelle
5 Diffusionsbarriere mit Fläche A und der Länge l

Die Pfeile in der Pumpzelle geben die Pumprichtung an.

Einzeller

Die Pumpzelle entfernt durch elektrochemisches Pumpen den Sauerstoff aus dem Hohlraum solange, bis Pumpspannung und Nernstspannung über den Elektroden der Pumpzelle gleich groß sind. Bei ausreichender Pumpspannung ist in diesem stationären Gleichgewicht der aus dem Abgas eindiffundierende Sauerstoffmolekülstrom I_M proportional zum Pumpstrom I_p der Pumpzelle und aufgrund des Diffusionsgesetzes direkt proportional dem Partialdruck im Abgas $p_A(O_2)$. Es ergibt sich [1]:

$$\frac{I_p}{4F} = I_M = \frac{A\,D(T)}{R\,T\,l}\left[p_A(O_2) - p_H(O_2)\right].$$

Hierbei ist $p_H(O_2)$ der vernachlässigbar geringe Sauerstoffpartialdruck im Hohlraum, T die Temperatur, $D(T)$ die temperaturabhängige Diffusionskonstante, l die Länge und A die Querschnittsfläche der Diffusionsbarriere (siehe Bild 32a).

Falls fettes Abgas vorhanden ist, entsteht eine Nernstspannung von ca. 1 000 mV, sodass aufgrund der resultierenden negativen Spannung Sauerstoff in den Hohlraum gepumpt und damit der lineare Verlauf der Kennlinie in den fetten Bereich erweitert wird. Der Sauerstoff dafür wird an der abgasseitigen Elektrode aus der Reduktion von Wasser und CO_2 gewonnen.

Nachteilig an dieser einfachen Bauform einer Breitband-λ-Sonde ist, dass die feste Pumpspannung von z. B. 500 mV ausreichen muss, um im fetten Abgas Sauerstoff in den Hohlraum hinein und im mageren Abgas Sauerstoff aus ihm heraus zu pumpen. Daher muss der Innenwiderstand der Pumpzelle sehr niedrig sein. Daneben ist der Messbereich bei Luftmangel durch den Molekülstrom im Referenzkanal eingeschränkt. Beim Wechsel ist die Dynamik des einzelligen Sensors durch die Umladung der Elektrodenkapazitäten bei Änderung der Pumpspannung eingeschränkt.

Zweizeller

Um die Nachteile des Einzellers zu beheben, wird über eine ebenfalls an den Hohlraum gekoppelte Nernstzelle der Sauerstoffpartialdruck im Hohlraum gemessen und die Pumpspannung mittels eines Reglers (siehe Bilder 33 und 34) so nachgeführt, dass im Hohlraum ein Sauerstoffpartialdruck von ca. 10^{-2} Pa vorliegt, welches einer vorgegebenen Nernstspannung von z. B. 450 mV entspricht (Bild 33b).

Im Fall fetten Abgases (Bild 33a) wird durch Umpolen der Spannung an der Außenpumpelektrode Sauerstoff aus H_2O und CO_2 generiert, durch die Keramik transportiert und im Hohlraum wieder abgegeben. Dort reagiert der Sauerstoff mit dem eindiffundierenden fetten Abgas. Die entstandenen inerten Reaktionsprodukte H_2O und CO_2 diffundieren durch die Diffusionsbarriere nach außen. Da der Diffusionsgrenzstrom mit der Temperatur des Sensors ansteigt, muss sie möglichst konstant gehalten werden. Hierzu wird der stark temperaturabhängige Widerstand der Nernstzelle gemessen. Der Sensor wird durch pulsweitenmodulierte Spannungspulse beheizt und die Betriebselektronik regelt den Widerstand der Nernstzelle und damit die Temperatur.

Bei fettem Abgas machen sich die unterschiedlichen Diffusionskoeffizienten der Abgasbestandteile (H_2, CO, $C_xH_yO_z$), die mit den Massen der Gasmoleküle korrelieren, bemerkbar. Sie diffundieren unterschiedlich schnell in den Hohlraum und besitzen darüber hinaus noch unterschiedliche Sauerstoffbedarfe zu deren Oxidation. Die Kennlinien sind deshalb unterschiedlich steil (siehe Bild 33c). Daher wird das Signal über eine für die jeweilige Gaszusammensetzung applizierte Kennlinie im Steuergerät berechnet.

Der Diffusionsgrenzstrom des Sensors und damit die Empfindlichkeit hängen von der Geometrie der Diffusionsbarriere ab.

33 Zweizellensensor im fetten und mageren Abgas

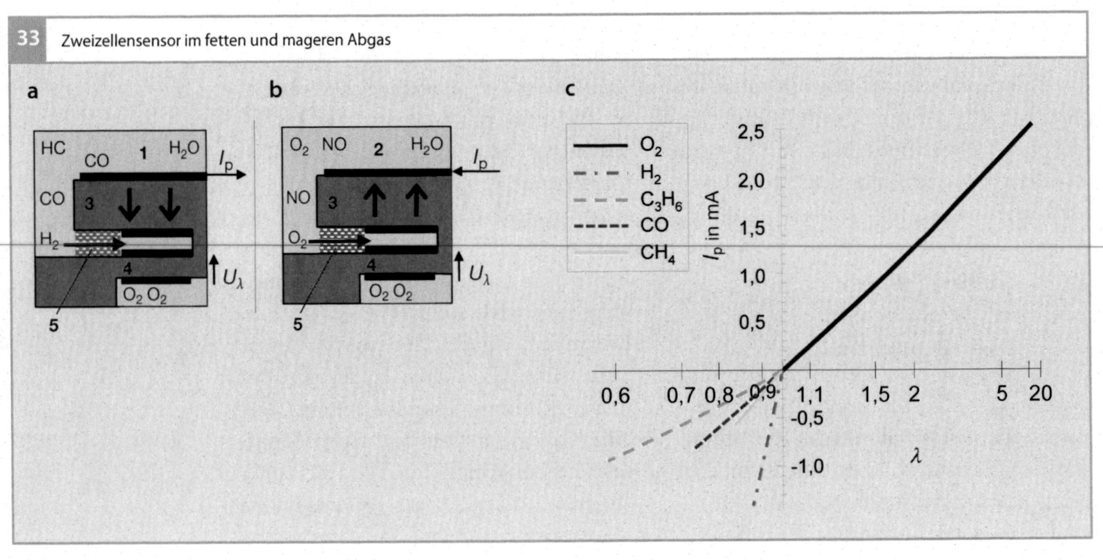

Bild 33
a, b Querschnitt
c Kennlinie.
Je nach Polarität des Pumpstroms I_p diffundieren überwiegend reduzierende Abgasbestandteile (Teilbild a) oder Sauerstoff (Teilbild b) durch die Diffusionsbarriere. Für λ < 1 hängt die Kennlinie (Teilbild c) von der Abgaszusammensetzung ab, hier sind die Kennlinien einzelner Abgaskomponenten eingetragen.

1 fettes Abgas
2 mageres Abgas
3 Pumpzelle
4 Nernstzelle
5 Diffusionsbarriere

34 Explosionszeichnung einer Breitband-λ-Sonde

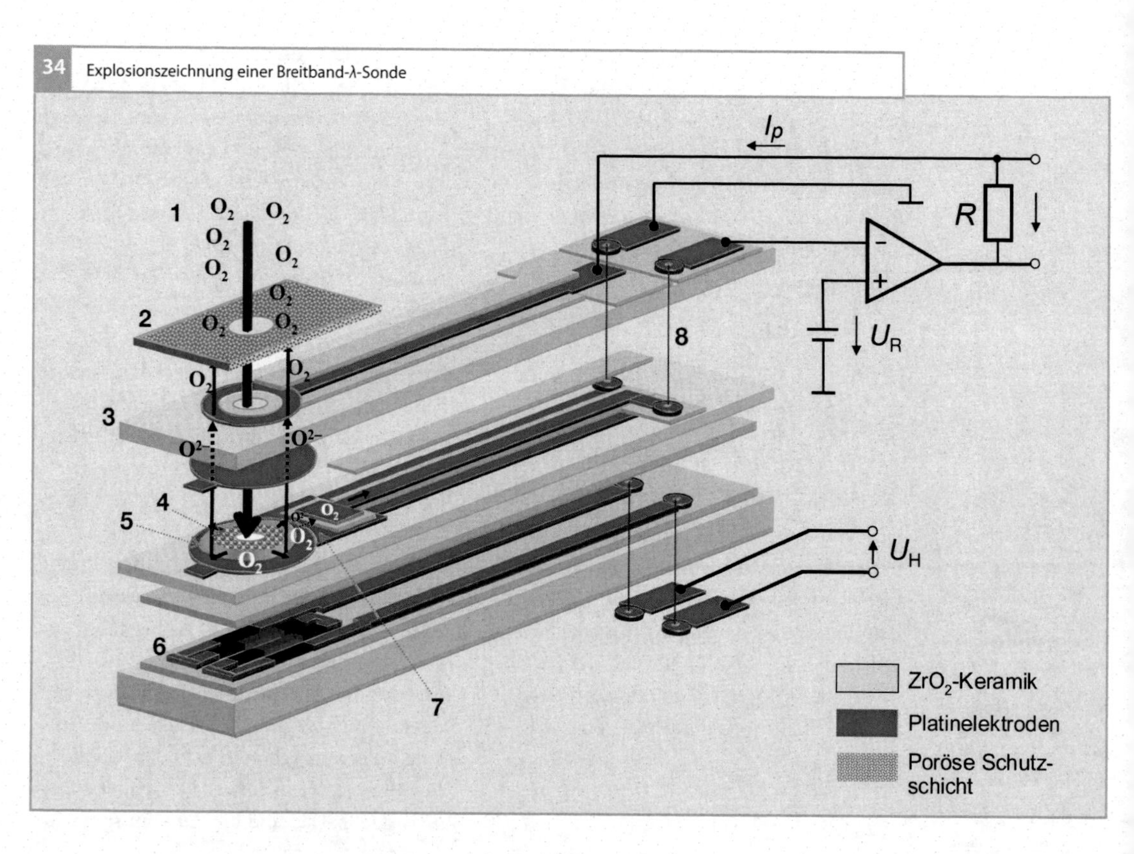

Bild 34
I_p Pumpstrom
U_R Referenzspannung
U_H Heizspannung
R Widerstand

1 Abgas
2 Schutzschicht
3 Pumpzelle
4 Diffusionsbarriere
5 Hohlraum
6 Heizer
7 Nernstzelle
8 leitende Verbindung

Um in der Fertigung die hohe geforderte Genauigkeit zu erreichen, ist ein Abgleich des Pumpstroms notwendig. Oft geschieht dies durch einen Widerstand im Sensorstecker, der zusammen mit dem Messwiderstand als Stromteiler wirkt. Alternativ kann der Diffusionsgrenzstrom schon im Fertigungsprozess des Sensorelements durch gezielte Öffnungen eingestellt werden, so dass ein Abgleich nicht notwendig ist. Zur nachträglichen Kalibrierung des Sensors im Fahrzeug kann im Schubbetrieb die Sauerstoffkonzentration der Luft gemessen und im Steuergerät die Kennlinie damit korrigiert werden. Das Sensorelement wird analog zur Zweipunkt-λ-Sonde in einem Gehäuse verbaut (Bild 28).

NO_x-Sensor

Anwendung

NO_x-Sensoren finden in Systemen zur Reduzierung von Stickoxidemissionen von Diesel- und Ottomotoren Anwendung. Bei Systemen mit Dieselmotoren werden sie vor und hinter SCR-Katalysatoren (Selective Catalytic Reduction, selektive katalytische Reduktion) sowie hinter NO_x-Speicherkatalysatoren (NO_x Storage Catalysts, NSC) verbaut. Bei Systemen mit Ottomotoren kommen sie nur hinter NO_x-Speicherkatalysatoren zum Einsatz. An diesen Positionen bestimmen die NO_x-Sensoren die Stickoxid- und die Sauerstoffkonzentration im Abgas sowie hinter SCR-Katalysatoren zusätzlich die Ammoniakkonzentration als Summensignal.

Bild 35
A Sauerstoffpumpzelle
B Nernstzelle
C NO_x-Zelle

1 äußere Pumpelektrode
2 Diffusionsbarriere 1
3 innere Pumpelektrode
4 erster Hohlraum
5 Nernstelektrode
6 Diffusionsbarriere 2
7 zweiter Hohlraum
8 gemeinsamer Rückleiter
9 Referenzelektrode
10 Referenzgasraum
11 NO_x-Gegenelektrode
12 NO_x-Elektrode
13 Heizer
14 Sauerstoffregler
15 NO-Stromverstärker und Spannungswandler

So erhält das Motormanagement den Wert über die aktuelle Restkonzentration an Stickoxiden und sorgt für die exakte Dosierung der Harnstoffwasserlösung bei SCR-Katalysatoren und detektiert etwaige Fehler im Abgassystem. Die Stickoxide reagieren kontinuierlich mit im SCR-Katalysator eingespeichertem Ammoniak:

$$2\,NH_3 + NO_2 + NO \rightarrow 3\,H_2O + 2\,N_2. \quad (1)$$

Bei den NO_x-Speicherkatalysatoren werden Stickoxide als Nitrat eingelagert:

$$BaCO_3 + 2\,NO + O_2 \rightarrow Ba(NO_3)_2 + CO_2. \quad (2)$$

Der NO_x-Sensor detektiert dabei das Ende der Einspeichermöglichkeit anhand eines rasch ansteigenden NO_x-Signals. In kurzen Fettphasen wird der Katalysator regeneriert, indem die Nitrate mit Hilfe von Kohlenmonoxid oder Wasserstoff zu Stickstoff reduziert werden (hier am Beispiel von CO):

$$Ba(NO_3)_2 + 3\,CO \rightarrow BaCO_3 + 2\,NO + 2\,CO_2 \quad (3)$$

$$2\,NO + 2\,CO \rightarrow N_2 + 2\,CO_2 \quad (4)$$

Aufbau und Arbeitsweise

Der NO_x-Sensor in Bild 35 ist ein planarer Dreizellen-Grenzstromsensor. Eine Nernst-Konzentrationszelle und zwei modifizierte Sauerstoff-Pumpzellen (Sauerstoff-Pumpzelle und NO_x-Zelle), wie sie von den Breitbandsensoren bekannt sind, bilden das Gesamtsensorsystem. Das Sensorelement besteht aus mehreren gegeneinander isolierten, Sauerstoffionen leitenden, keramischen Festelektrolytschichten (dunkel dargestellt), auf denen sechs Elektroden aufgebracht sind. Der Sensor ist mit einem integrierten Heizer versehen, der die Keramik auf eine Betriebstemperatur von 600 … 800 °C aufheizt.

Die dem Abgas ausgesetzte äußere Pumpelektrode und die innere Pumpelektrode im ersten Hohlraum, der vom Abgas durch eine Diffusionsbarriere getrennt ist, bilden die Sauerstoffpumpzelle. Im ersten Hohlraum befindet sich auch die Nernstelektrode. In einem Referenzgasraum befindet sich die Referenzelektrode. Dieses Paar bildet die Nernstzelle. Das sind die Funktionskomponenten, die identisch zu denen von Breitband-λ-Sonden sind.

35 Querschnitt eines NO_x-Sensors

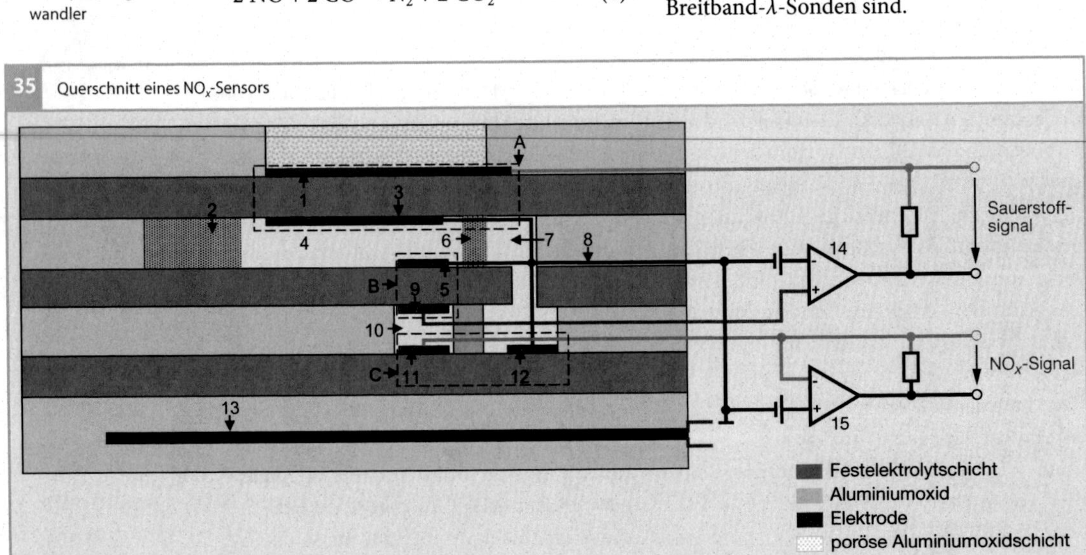

Zusätzlich gibt es eine dritte Zelle, nämlich die NO_x-Pumpelektrode und ihre Gegenelektrode. Erstere liegt in einem zweiten Hohlraum, der vom ersten durch eine weitere Diffusionsbarriere getrennt ist, letztere befindet sich im Referenzgasraum. Alle Elektroden im ersten und zweiten Hohlraum haben einen gemeinsamen Rückleiter.

Die innere Pumpelektrode ist hier im Gegensatz zur inneren Pumpelektrode der Breitband-λ-Sonde durch die Legierung von Platin mit Gold in ihrer katalytischen Aktivität stark eingeschränkt. Die angelegte Pumpspannung U_p genügt nur, um Sauerstoffmoleküle, nicht aber um NO zu spalten (dissoziieren). NO wird bei der eingeregelten Pumpspannung nur wenig dissoziiert und passiert den ersten Hohlraum mit geringen Verlusten. NO_2 als starkes Oxidationsmittel wird an der inneren Pumpelektrode unmittelbar in NO umgewandelt. Ammoniak reagiert an der inneren Pumpelektrode in Anwesenheit von Sauerstoff und bei Temperaturen von 650 °C zu NO und Wasser. Das in der Konzentration nahezu unveränderte NO und das NO aus der NO_2-Reduktion sowie aus der Ammoniakoxidation gelangen über die zweite Diffusionsbarriere in den zweiten Hohlraum. Aufgrund der höheren Spannung an der NO-Pumpelektrode und ihrer durch Beimengung von Rhodium katalytisch verbesserten Aktivität wird an dieser Elektrode NO vollständig dissoziiert und der entstehende Sauerstoff durch den Festelektrolyten abgepumpt.

Elektronik

Im Gegensatz zu anderen keramischen Abgassensoren ist der NO_x-Sensor mit einer Auswerteelektronik (Sensor Control Unit, SCU) versehen. Sie liefert via CAN-Bus das Sauerstoff-Signal, das NO_x-Signal sowie jeweils den Status dieser Signale. In dieser Auswerteelektronik befinden sich ein Mikrocontroller und ein ASIC (Application Specific Integrated Circuit) zum Betrieb der Sauerstoffpumpzelle und zur Verstärkung der sehr kleinen NO-Signalströme. Daneben befinden sich noch ein Spannungsregler und ein CAN-Treiber sowie die Heizerendstufe in der Elektronik.

36 Kennlinie des Stickoxidsignals

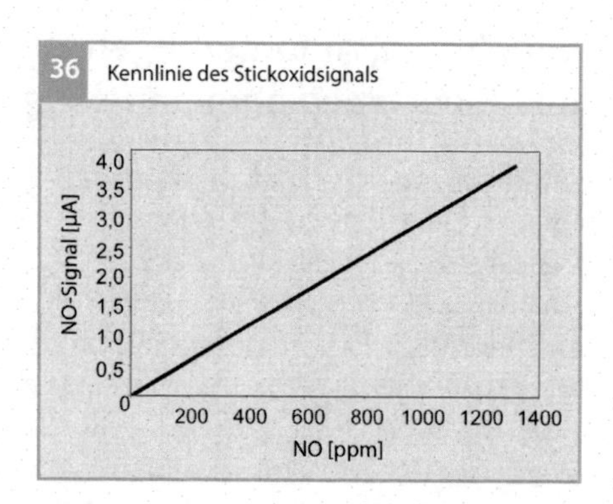

Kennlinien

Das Sauerstoffsignal liegt bei 3,7 mA für Luft. Die Sauerstoffkennlinie ist nahezu identisch mit der einer Breitband-λ-Sonde (siehe Bild 33). Die NO_x-Kennlinie ist in Bild 36 dargestellt.

Literatur

[1] Thorsten Baunach, Katharina Schänzlin und Lothar Diehl. Sauberes Abgas durch Keramiksensoren. Physik Journal 5 (2006) Nr. 5.

[2] Robert Bosch GmbH (Hrsg.); Konrad Reif (Autor), Karl-Heinz Dietsche (Autor) und über 200 weitere Autoren: Kraftfahrtechnisches Taschenbuch. 28., überarbeitete und erweiterte Auflage, Springer Vieweg Verlag, Wiesbaden 2014, ISBN 978-3-658-03800-7

[3] H. Czichos (Herausgeber), M. Hennecke (Herausgeber). Hütte. Das Ingenieurwissen, Gebundene Ausgabe: 1566 Seiten; Verlag: Springer; Auflage: 33 (2007); ISBN-10: 3540203257; ISBN-13: 978-3540203254

Steuergerät

Einführung, Anforderungen und Einsatzbedingungen

Das Steuergerät übernimmt die gesamte Steuerung und Regelung des Motors und vieler Aggregate in seiner Peripherie. Mit dem Einsatz der Digitaltechnik ergeben sich vielfältige Möglichkeiten, die sich über die Jahre rasant weiterentwickelt haben. Zum Beispiel wäre die Erfüllung moderner Abgasgesetze und das Erreichen niedriger Verbrauchswerte bei hoher Motorleistung ohne die elektronische Steuerung undenkbar. Viele Einflussgrößen können gleichzeitig in die Steuerung des Motors einbezogen werden, so dass ein optimaler Betrieb ermöglicht wird. Das Steuergerät empfängt die elektrischen Signale der Sensoren für physikalische Zustände sowie die Wünsche des Fahrers, wertet sie aus, berechnet die Ansteuersignale für die Stellglieder (Aktoren) und steuert diese an. Die Leistungsfähigkeit der eingesetzten elektronischen Bauteile nimmt stetig zu und ermöglicht immer komplexere Steuer- und Regelalgorithmen für das Motormanagement (Zündung, Gemischbildung usw.). Alle Bauteile eines Steuergerätes bezeichnet man als die „Hardware".

Entsprechend seiner zentralen Funktion im Fahrzeug und den teilweise extremen Einsatzbedingungen werden an das Motorsteuergerät hohe Anforderungen bezüglich Funktionalität, Qualität und Lebensdauer gestellt. Durch den Einbau der Motorsteuerung an den verschiedensten Orten im Fahrzeug, die vom Fahrgastraum über den Wasserkasten, spezielle Elektronik-Boxen, den Motorraum bis hin zum direkten Motoranbau reichen, variieren die Anforderungen an die Motorsteuerungen abhängig von Fahrzeughersteller und -typ sehr stark und erreichen teilweise, vor allem im Hinblick auf Temperatur- und Schüttelbeanspruchungen, sehr hohe Werte. Durch neue Anforderungen steigt der Funktionsumfang moderner Motorsteuerungen kontinuierlich an, während die äußeren Abmessungen der Geräte in der Tendenz eher abnehmen. Die Entwicklung geht deshalb hin zu einer höheren funktionalen Integration sowie zur Miniaturisierung von elektronischen, aber auch von mechanischen Komponenten, wie z. B. Steckverbindungen.

Die elektrische Funktion muss auch unter schwierigen Bedingungen garantiert werden. So muss ein Steuergerät auch beim Start mit schwacher Batterie (z. B. Kaltstart) und bei hoher Ladespannung sicher arbeiten. Weitere Anforderungen ergeben sich aus der elektromagnetischen Verträglichkeit (EMV). So darf sich die Motorsteuerung weder durch starke elektromagnetische Störfelder beeinflussen lassen, noch darf sie durch eigene elektromagnetische Abstrahlung andere Systeme wie das Autoradio beeinträchtigen. Wesentliche Anforderungen an ein Motorsteuergerät sind in Tabelle 1 zusammengefasst.

Elektronischer Aufbau des Steuergerätes

Architektur

Im mechatronischen System der Motorsteuerung stellt das elektronische Steuergerät die Regeleinrichtung dar. Es übernimmt die Steuerung, Regelung und Überwachung von Motorfunktionen. Bild 1 zeigt dazu ein Blockschaltbild, das im Folgenden näher erläutert wird.

Das Steuergerät erfasst über Eingangsschaltungen die von Sensoren gelieferten Istwerte, wie z. B. Drehzahl oder Drosselklappenstellung. Über Endstufenschaltungen werden die als Stellglieder wirkenden Aktoren wie z. B. Einspritzventile oder Zündspule nangesteuert.

Tabelle 1

1 Typische Anforderungen an ein Motorsteuergerät	
Art der Anforderung	**Wert oder typisches Beispiel**
Lebensdauer	15 Jahre
Aktive Betriebsstunden	6 000 h bis 8 000 h
Kilometerleistung (Pkw)	240 000 km
Betriebstage pro Jahr	365
Startvorgänge pro Tag, davon Kaltstarts	6 2
Betriebstemperatur bei Karosserieanbau oder im Rad- oder Wasserkasten	–40 °C bis 85 °C
Betriebstemperatur bei motornahem Anbau	–40 °C bis 105 °C
Vibrationsanforderungen bei Karosserieanbau oder am Rahmen	Rausch-Effektivwert: 27,8 m/s^2 (Frequenz 10 bis 1 000 Hz)
Vibrationsanforderungen bei entkoppeltem Motoranbau oder Luftfilteranbau	Rausch-Effektivwert: 27,8 m/s^2 (Frequenz 10 bis 1 000 Hz) Sinusbeschleunigung: 180 m/s^2 (Frequenz 100 Hz bis 1,5 kHz)
Wasserschutz im Motorraum	Schutzklasse typisch IP6K9K (staubdicht, Wasserschutz auch bei Hochdruck- oder Dampfstrahlreinigung)
Chemische Belastungen	Salzwasser, Öle, Reiniger, Kraftstoffe, Bremsflüssigkeit

Endstufen stellen die zur Ansteuerung des Aktors erforderliche Leistung zur Verfügung. Im Digitalteil findet die Signalverarbeitung statt. In einer zentralen Recheneinheit (Prozessor) laufen die Steuer- und Regelalgorithmen ab. Das dazu erforderliche Steuerprogramm (die Software) und die Daten sind in einem Programm- und Datenspeicher abgelegt. Wenn zentrale Recheneinheit, Speicher und weitere Module wie z. B. Timereinheit auf einem Halbleiterchip integriert sind, spricht man von einem Mikrocontroller.

Zur Kommunikation mit der Außenwelt besitzt das Steuergerät eine oder mehrere Kommunikationsschnittstellen. Darüber kann z. B. ein Datenaustausch mit dem Steuergerät eines anderen Systems (z. B. ABS) oder mit einem Diagnosetester ablaufen. Auch die Programmierung des Steuergeräts am Bandende im Werk findet über eine solche Schnittstelle statt. Zum Betrieb der elektronischen Schaltungen im Steuergerät ist eine Infrastruktur notwendig. Diese Infrastruktur versorgt die Schaltungen mit allen zum Betrieb erforderlichen Spannungen und Strömen. Darüber hinaus sorgt die Infrastruktur durch eine Überwachungs- und Resetschaltung für einen korrekten und sicheren Betrieb des Steuergeräts. Die Überwachungsschaltung (auch Überwachungsmodul genannt) ist ein Bestandteil des Überwachungskonzeptes. Überwachungsmodul und Mikrocontroller überwachen sich gegenseitig. Im Falle der Erkennung eines Fehlers werden entsprechende Maßnahmen eingeleitet.

Zum Schutz vor Zerstörung sind alle Eingangs- und Endstufenschaltungen kurzschlussfest gegen Batteriespannung und Masse ausgelegt. Zur Diagnose können spezielle Schaltungen an den Endstufen im Feh-

1 Architektur eines Motorsteuergeräts

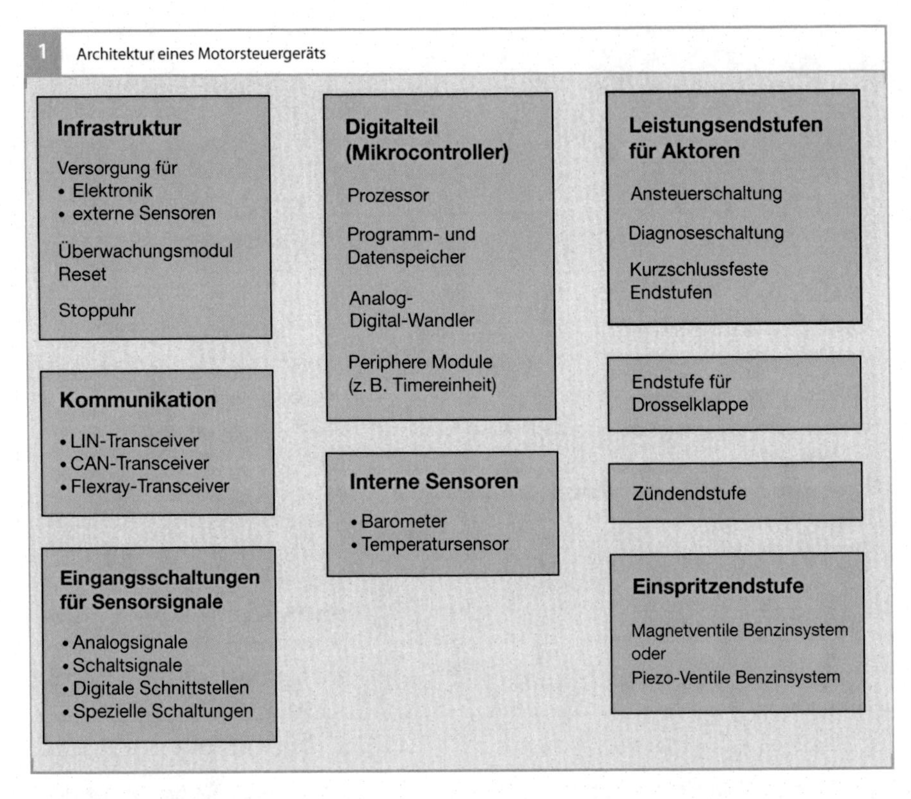

lerfall die Art des Fehlers (Kurzschluss, Leerlauf) feststellen. Über eine spezielle Schnittstelle kann das Steuerprogramm die Diagnoseinformationen aus dem Endstufenbaustein auslesen.

Aufbau

Aufgrund der Komplexität der Schaltungen und der Anforderungen an das Steuergerät bezüglich Qualität, Kosten und Bauraum ist ein Aufbau aus einzelnen elektronischen Bauteilen nicht möglich. Daher werden Schaltungen so entwickelt, dass sie anschließend auf einem Halbleiterchip integriert werden können. Dieser Halbleiterchip wird als ASIC (Application Specific Integrated Circuit) bezeichnet. In der Entwicklungsphase eines Steuergeräts wird festgelegt, welche Schaltungen sinnvollerweise gemeinsam auf einem Chip integriert werden können.

So kann es z. B. der richtige Weg sein, mehrere Endstufenschaltungen mit den dazugehörenden Diagnoseschaltungen auf einem Chip zu integrieren. Es ist sogar möglich, alle Endstufen und die Infrastruktur des Steuergerätes auf einem Chip zu integrieren. Die Chips werden nach ihrer Herstellung in einem Gehäuse verpackt, das die spätere Montage auf einer Leiterplatte und gegebenenfalls eine Kühlung aufgrund der im Betrieb entstehenden Verlustleistung ermöglicht. Die meisten Bauteile sind in SMD-Technik (Surface Mounted Device) aufgebaut, d. h., sie können ohne Bohrungen in der Leiterplatte plan auf die Oberfläche gelötet werden. Nur wenige Sonderbauteile und die Stecker sind in Durchsteckmontagetechnik ausgeführt.

Die Leiterplatte dient als Träger der elektronischen Bauelemente und zu deren elektrischen Verbindung. Sie befindet sich zum Schutz vor Umwelteinflüssen in einem Kunststoff- oder Metallgehäuse.

Rechnerkern

Anforderungen

Der Rechnerkern eines Steuergerätes wird oft mit einem Prozessor eines PC verglichen. Dies ist auf einer hohen Abstraktionsebene korrekt, da der Mikrocontroller für eine aktuelle Motorsteuerung ca. 40 Millionen Transistoren enthält (der Rechner Pentium II hatte ca. 6,7 Millionen Transistoren). Die Anforderungen an einen Rechnerkern eines Steuergerätes sind jedoch sehr viel höher als an einen PC:

- Funktion im Temperaturbereich −40 °C…165 °C,
- Ausfallrate von unter 1 ppm,
- Lebensdauer 40 000 h (entspricht einem PC, der 8 h am Tag eingeschaltet ist und ca. 14 Jahre funktioniert),
- Produktion über 20 Jahre – auch wenn die Technologien nicht mehr in anderen Industriebereichen eingesetzt werden.

Mikrocontroller

Der Mikrocontroller ist das zentrale Bauelement eines Steuergeräts (Bild 2). Er steuert dessen Funktionsablauf. Im Mikrocontroller sind außer der CPU (Central Processing Unit, zentrale Recheneinheit) noch Eingangs- und Ausgangskanäle, Timereinheiten, RAM, Flash, serielle Schnittstellen und weitere periphere Baugruppen auf einem Siliziumchip integriert.

Moderne Mikrocontroller für Anwendungen im Kraftfahrzeug haben noch weitere Peripherie wie z. B. Analog-Digital-Wandler, Safety Core (ein Core überwacht einen anderen), Tuningschutzhardware, Ethernet.

Programm- und Datenspeicher

Der Mikrocontroller benötigt für die Berechnungen ein Programm – die „Software“. Diese ist in einem Programmspeicher abgelegt. Die CPU liest das Programm aus, interpretiert es als Befehle und führt diese Befehle der Reihe nach aus.

Das Programm ist in einem nichtflüchtigen Speicher (Flash-EPROM) abgelegt. Zusätzlich sind variantenspezifische Daten (Einzeldaten, Kennlinien und Kennfelder) in diesem Speicher vorhanden. Diese Daten dienen zur Anpassung der Softwarefunktionen an die einzelnen Fahrzeuge (z. B. ist ein Kennfeld für die Einspritzung abhängig vom Motor des Fahrzeugherstellers).

Da es moderne Halbleitertechnologien ermöglichen, den kompletten Speicher auf dem Chip unterzubringen, ist der Programmspeicher heute in den Mikrocontrollern integriert. Dadurch sinken die Kosten für das System und die Performance steigt (kürzere Zugriffszeiten sind möglich).

Es gibt noch die Möglichkeit, RAM- und Flash-Speicher an externe Bus-Interfaces anzuschließen. Bedingt durch den großen Zeitverlust bei Zugriffen auf diese Speicher und die geringe Anzahl von Zulieferern für diese Bauelemente werden sie nur noch sehr selten eingesetzt.

Flash-EPROM

Das Flash-EPROM (FEPROM) hat aufgrund seiner Vorteile das herkömmliche EPROM als Programmspeicher weitgehend verdrängt. Deshalb wird hier auf das EPROM nicht näher eingegangen.

Das Flash-EPROM ist auf elektrischem Wege löschbar (im Gegensatz zum EPROM, das mit UV-Licht gelöscht wird). Somit kann man das Steuergerät in der Kundendienst-Werkstatt umprogrammieren, ohne es öffnen zu müssen. Das Steuergerät ist dabei

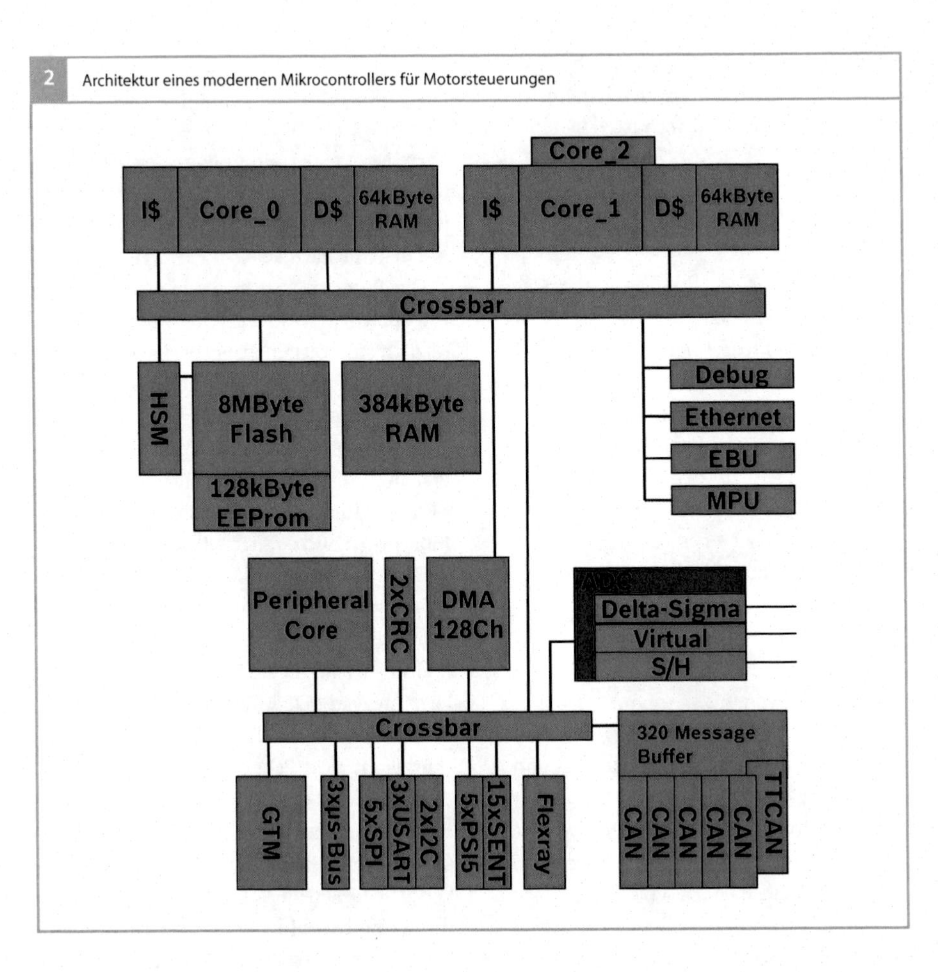

2 Architektur eines modernen Mikrocontrollers für Motorsteuerungen

Bild 2
Crossbar – interner Bus
I$ – Befehls-Cache
D$ – Daten-Cache
HSM – Hardware Security Module
Virtual ADC – Analog-Digital-Wandler, der mehrere Kanäle gleichzeitig sampelt
EBU – External Bus Unit
MPU – Multi Processor Unit
TTCAN – CAN mit Time-Trigger-Eigenschaften, um garantierte Antwortzeiten sicherzustellen
µs-Bus – Bus zur Peripherieansteuerung

über eine serielle Schnittstelle mit der Umprogrammierstation verbunden.

Variablen- oder Arbeitsspeicher
Ein solcher Schreib-Lese-Speicher ist notwendig, um veränderliche Daten (Variablen), wie z. B. Rechen- und Signalwerte, zu speichern.

RAM
Die Ablage aller aktuellen Werte erfolgt im RAM (Random Access Memory, Schreib-Lese-Speicher). Dieser Speicher ist wie das Flash-EPROM auf dem Mikrocontroller-Chip integriert.

Beim Trennen des Steuergeräts von der Versorgungsspannung verliert das RAM als flüchtiger Speicher den gesamten Datenbestand. Adaptionswerte (erlernte Werte über Motor- und Betriebszustand) müssen beim nächsten Start aber wieder bereitstehen. Sie dürfen beim Abschalten der Zündung nicht gelöscht werden. Um das zu verhindern, ist das RAM permanent mit Spannung versorgt. Beim Abklemmen der Batterie gehen jedoch auch diese Werte verloren.

EEPROM
Daten, die auch bei abgeklemmter Batterie nicht verloren gehen dürfen (z. B. wichtige Adaptionswerte, Codes für die Wegfahrsperre), müssen dauerhaft in einem nichtflüchtigen Dauerspeicher abgelegt werden. Das EEPROM (auch E2PROM genannt) ist ein elektrisch löschbares EPROM, bei dem im Gegensatz zum Flash-EPROM jede Speicherzelle einzeln gelöscht werden kann. Somit ist das EEPROM als nichtflüchtiger Schreib-Lese-Speicher einsetzbar. Einige Steuergeräte-Varianten nutzen auch separat löschbare Bereiche des Flash-EPROM als Dauerspeicher.

Unified-Speicher
Durch die Verwendung der unterschiedlichen Speichertypen Flash-EPROM, RAM und EEPROM gibt es im System Einschränkungen. Deshalb wird nach so genannten Unified-Speichern gesucht, die die Vorteile aller drei Typen vereinen (Datenerhalt im spannungslosen Zustand sowie schnelles Lesen und Schreiben). Ein solcher Typ könnte in Zukunft das MRAM (magnetische RAM) oder das PCM (Phase Change Memory) sein. Damit könnte dann wesentlich mehr RAM im Mikrocontroller integriert werden und es wären auch neue Softwarekonzepte (die mehr RAM benötigen) darstellbar.

ASIC
Wegen der immer größer werdenden Komplexität der Steuergerätefunktionen reichen die am Markt erhältlichen Standard-Mikrocontroller nicht immer aus. Abhilfe schaffen hier ASIC-Bausteine (Application Specific Integrated Circuit, anwendungsbezogene integrierte Schaltung). Diese IC werden nach den Vorgaben der Steuergeräteentwicklung entworfen und gefertigt. Sie enthalten beispielsweise ein zusätzliches RAM, Eingangs- und Ausgangskanäle und sie können PWM-Signale erzeugen und ausgeben.

Überwachungsmodul
Das Steuergerät verfügt über ein Überwachungsmodul. Der Mikrocontroller und das Überwachungsmodul überwachen sich gegenseitig durch ein „Frage-und-Antwort-Spiel". Wird ein Fehler erkannt, so können beide unabhängig voneinander entsprechende Ersatzfunktionen einleiten.

Ausgangssignale, Schaltsignale
Der Mikrocontroller steuert mit den Ausgangssignalen Endstufen an, die üblicherweise genügend Leistung für den direkten Anschluss der Stellglieder (Aktoren) liefern. Es ist auch möglich, dass für besonders große Stromverbraucher (z. B. Motorlüfter) bestimmte Endstufen die zugehörigen Relais ansteuern.

Die Endstufen sind gegenüber Kurzschlüssen gegen Masse oder der Batteriespannung sowie gegen Zerstörung infolge elektrischer oder thermischer Überlastung geschützt. Diese Störungen sowie aufgetrennte Leitungen werden durch den Endstufen-IC als Fehler erkannt und dem Mikrocontroller gemeldet.

PWM-Signale
Digitale Ausgangssignale können als PWM-Signale ausgegeben werden. Diese pulsweitenmodulierten Signale sind Rechtecksignale mit konstanter Frequenz und variabler Einschaltzeit. Mit diesen Signalen können verschiedene Stellglieder (Aktoren) in kontinuierlich verstellbare Arbeitsstellungen gebracht werden (z. B. Abgasrückführventil, Ladedrucksteller).

Kommunikation innerhalb des Steuergeräts
Die peripheren Bauelemente, die den Mikrocontroller in seiner Arbeit unterstützen, müssen mit diesem kommunizieren können. Dies geschieht über den Adress- und Datenbus. Der Mikrocontroller gibt

über den Adressbus z. B. die RAM-Adresse aus, deren Speicherinhalt gelesen werden soll. Über den Datenbus werden dann die der Adresse zugehörigen Daten übertragen. Frühere Entwicklungen im Kfz-Bereich kamen mit einer 8-Bit-Busstruktur aus. Das heißt, der Datenbus bestand aus acht Leitungen, über die 256 Werte übertragen werden können. Mit dem bei diesen Systemen heute üblichen 16-Bit-Adressbus können 65 536 Adressen angesprochen werden. Komplexe Systeme erfordern heutzutage 16 oder sogar 32 Bit für den Datenbus. Um an den Bauteilen Pins einzusparen, können Daten- und Adressbus in einem Multiplexsystem zusammengefasst werden. Das heißt, Adresse und Daten werden zeitlich versetzt übertragen und nutzen dieselben Leitungen. Für Daten, die nicht so schnell übertragen werden müssen (z. B. Fehlerspeicherdaten), werden serielle Schnittstellen mit nur einer Datenleitung eingesetzt.

EOL-Programmierung

Die Vielzahl von Fahrzeugvarianten, die unterschiedliche Steuerungsprogramme und Datensätze verlangen, erfordert ein Verfahren zur Reduzierung der vom Fahrzeughersteller benötigten Steuergerätetypen. Hierzu kann der komplette Speicherbereich des Flash-EPROM mit dem Programm und dem variantenspezifischen Datensatz am Ende der Fahrzeugproduktion mit der EOL-Programmierung (End of Line) geladen werden. Eine weitere Möglichkeit zur Reduzierung der Variantenvielfalt besteht darin, im Speicher mehrere Datenvarianten (z. B. Getriebevarianten) abzulegen, die dann durch Codierung am Bandende ausgewählt werden. Diese Codierung wird im EEPROM abgelegt.

Sensorik

Sensoren bilden neben den Stellgliedern (Aktoren) als Peripherie die Schnittstelle zwischen dem Fahrzeug und dem Steuergerät als Verarbeitungseinheit. Die elektrischen Signale der Sensoren werden dem Steuergerät über den Kabelbaum und den Anschlussstecker zugeführt. Diese Signale werden über unterschiedliche Schnittstellen dem Steuergerät zur Verfügung gestellt.

Sensor-Schnittstellen

Sensoren können über analoge und digitale Schnittstellen verfügen. Für die Zukunft zeichnet sich die Tendenz ab, dass Sensoren mit digitalen Schnittstellen dominieren.

Analoge Schnittstellen

Analoge Eingangssignale können jeden beliebigen Spannungswert innerhalb eines bestimmten Bereichs annehmen. Beispiele für physikalische Größen, die als analoge Messwerte bereitstehen, sind die angesaugte Luftmasse, die Batteriespannung, der Saugrohr- und der Ladedruck oder die Kühlwasser- und die Ansauglufttemperatur. Sie werden von einem Analog-Digital-Wandler im Mikrocontroller des Steuergeräts in digitale Werte umgeformt, mit denen die zentrale Recheneinheit des Mikrocontrollers rechnen kann. Eine typische Auflösung von in Mikrocontrollern integrierten Analog-Digital-Wandlern ist 10 Bit. Bei einer Referenzspannung von 5 V ergibt sich somit eine Auflösung von ca. 5 mV.

Digitale Schnittstellen

Digitale Eingangssignale besitzen zwei Zustände: „high" (logisch 1) und „low" (logisch 0). Beispiele für digitale Eingangssignale sind Schaltsignale oder digitale Sensorsignale wie Drehzahlimpulse eines Hall- oder Feldplattensensors.

In Zukunft werden immer mehr digitale Schnittstellen zum Einsatz kommen, die standardisiert sind und es erlauben, Sensoren von unterschiedlichen Herstellern an Motorsteuergeräte anzuschließen. Eine dieser Schnittstellen ist SENT (Single Edge Nibble Transmission). Je Sensor ist ein spezifischer Eingang notwendig. Solche Sensoren benötigen drei Anschlüsse. Eine weitere digitale Schnittstelle ist PSI5 (Peripheral Sensor Interface). Das PSI5 realisiert eine Stromschnittstelle. Die Übertragung der Messwerte und die Versorgung des Sensors erfolgt über dieselben zwei Leitungen (siehe Bild 3). Im Gegensatz zu SENT ist PSI5 busfähig und bidirektional, d. h., es können mehrere Sensoren an ein Leitungspaar angeschlossen werden und die Daten können in beide Richtungen ausgetauscht werden. Eine Anwendung hierfür sind Raildrucksensoren.

Sensorsignal-Aufbereitung

Die Eingangssignale werden mit Schutzbeschaltungen auf zulässige Spannungspegel begrenzt. Das Nutzsignal wird durch Filterung weitgehend von überlagerten Störsignalen befreit und gegebenenfalls durch Verstärkung an die zulässige Eingangsspannung des Mikrocontrollers angepasst (0...5 V). Je nach Integrationsstufe des Sensors kann die Signalaufbereitung teilweise oder auch ganz bereits im Sensor stattfinden.

Für manche Sensoren, wie z. B. λ-Sonden, werden spezielle Bausteine (ASIC) benötigt, welche die komplexe Ansteuerung und Auswertung dieser Sonden übernehmen. Diese ASIC steuern die Sensoren mit definierten Signalen an, werten Ströme, Spannungen und Temperaturen hochgenau aus und bereiten diese Signale für den Mikrocontroller in digitale Eingangssignale auf. Der gesamte in Bild 4 gezeigte Signalpfad wird mit einem einzigen ASIC realisiert.

3 Beispiel für eine PSI5-Topologie

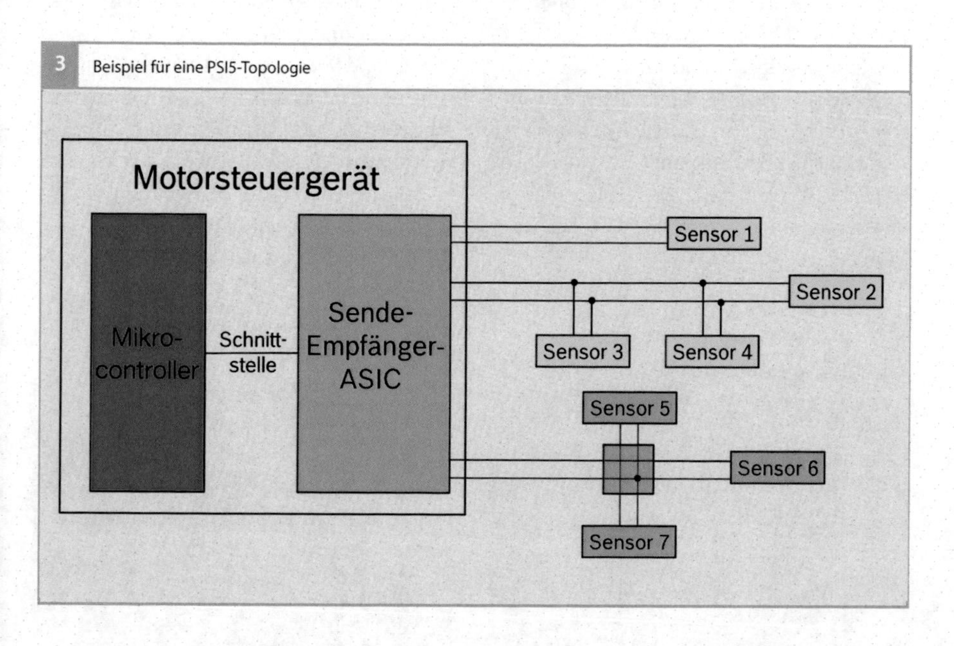

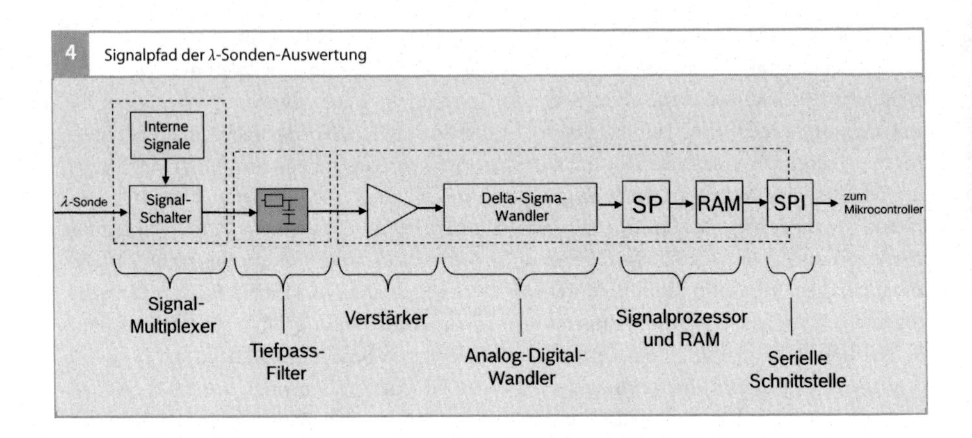

4 Signalpfad der λ-Sonden-Auswertung

Aktor-Ansteuerung

Auf Basis der im Mikroprozessor verarbeiteten Daten werden vom Motorsteuergerät über entsprechende Endstufen verschiedene Aktoren angesteuert. Diese Aktoren unterscheiden sich im Leistungsbedarf sowie in der Art der Ansteuerung, nämlich durch Schalt- oder PWM-Signale oder über anwendungsspezifische Endstufen.

Die Schaltsignale schalten Lasten im Fahrzeug, die vom Motorsteuergerät abhängig vom aktuellen Betriebspunkt ein- oder ausgeschaltet werden, z. B. Lüftergebläse. Für Lasten mit hohem Strombedarf werden Relais eingesetzt.

Mit pulsweitenmodulierten Signalen (PWM-Signalen) können Aktoren in vorgegebene Arbeitsstellungen gebracht werden (z. B. Wastegate-Ansteuerung oder Ladedrucksteller). Die genannten Signale sind Rechtecksignale mit fester Frequenz und variabler Einschaltzeit.

Anwendungsspezifische Endstufen kommen dann zum Einsatz, wenn spezielle Strom- und Spannungsverläufe zur Ansteuerung notwendig sind, die mit den oben beschriebenen Standard-Endstufen nicht realisiert werden können. Beispielhaft seien hier H-Brücken (Bild 5) zur Ansteuerung von Gleichstrommotoren, Zündendstufen (Bild 6) sowie Endstufen zur Ansteuerung

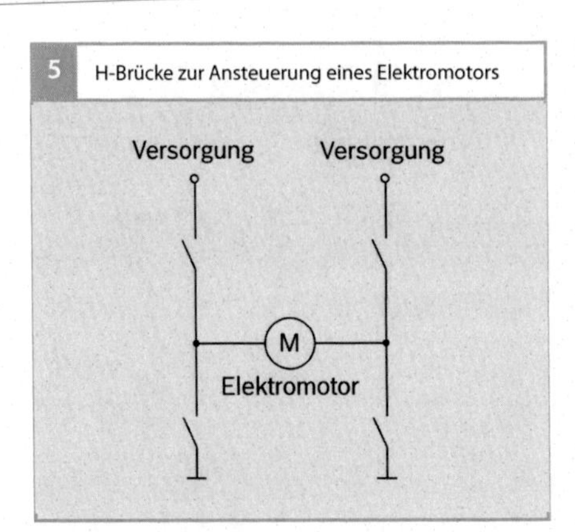

5 H-Brücke zur Ansteuerung eines Elektromotors

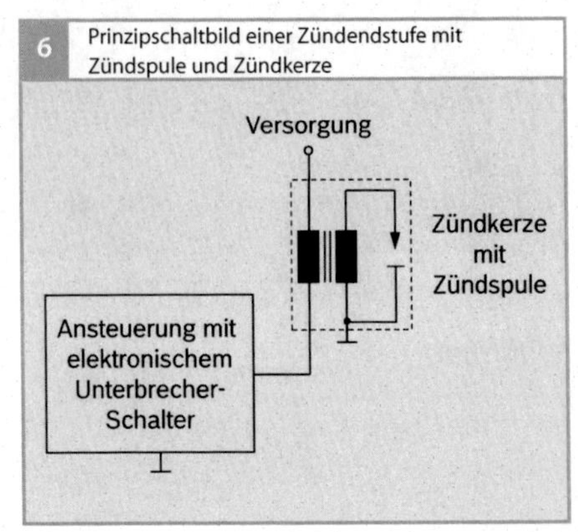

6 Prinzipschaltbild einer Zündendstufe mit Zündspule und Zündkerze

7 Prinzipschaltbild einer Piezo-Einspritzendstufe, Ausschnitt für einen Zylinder

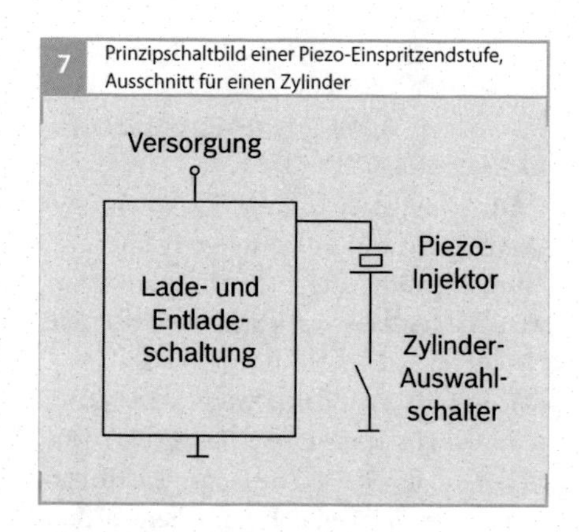

von Hochdruck-Einspritzventilen für die Benzin- und Direkteinspritzung genannt (Bild 7).

Komplexe Endstufen mit hohem Leistungsbedarf, wie zum Beispiel bei der Ansteuerung von Hochdruck-Einspritzventilen, können besonders effizient realisiert werden, wenn die zugehörige Steuerlogik sowie die analoge Signalaufbereitung mittels eines anwendungsspezifischen integrierten Schaltkreises (ASIC) realisiert werden. Dabei kommen hochintegrierte Halbleiter-Mischprozesse zum Einsatz, die eine hohe Logikdichte mit genauen Analogfunktionen und hoher Spannungsfestigkeit verbinden. Die eigentliche Leistungsendstufe wird in der Regel mit diskreten Halbleitern (z. B. MOSFET, Dioden) realisiert.

Applikation von Steuergeräten in Fahrzeugprojekten

Steuergeräte sind, wie zuvor beschrieben, strukturell immer sehr ähnlich aufgebaut. Die für den jeweiligen Anwendungsfall erforderliche spezifische Steuerung wird durch das im Mikrocontroller ausgeführte Programm vorgenommen. Dieses Programm besteht aus einem ausführbaren Programmcode sowie einem Datenteil (einzelne Kenngrößen, Kennlinien und Kennfelder), so genannten Applikationsdaten. Das gesamte Programm ist im Festwertspeicher, in Steuergeräten als Flash-Speicher ausgeführt, abgelegt. Um die unterschiedlichen Anforderungen zur Steuerung eines Antriebsmotors und die gesetzlichen Vorgaben für Emission, Diagnose etc. zu erfüllen, müssen die Applikationsdaten verändert und optimiert werden. Während für die Steuergeräte der ersten Generationen 100 bis 1 000 Applikationsdaten genügten, sind heute mehrere 10 000 erforderlich. Der Vorgang des Optimierens von Applikationsdaten wird „Applikation von Steuergeräten“ genannt.

Die dafür nötigen Arbeiten werden auf Prüfständen und in Erprobungsfahrzeugen vorgenommen und erfordern speziell präparierte Motorsteuergeräte. Solche Motorsteuergeräte werden auch Applikationssteuergeräte genannt und müssen vornehmlich die folgenden Aufgaben erfüllen:

- identisches Verhalten wie das Seriensteuergerät,
- Erfassen der in Variablen abgelegten Rechen- und Signalwerte (z. B. Drehzahl, Temperatur, berechneter Zündwinkel, …) synchron zu Motordrehzahl und Rechenzeitrastern (z. B. 1 ms, 10 ms), der so genannten Messdaten,
- Möglichkeit zum Verstellen von Applikationsdaten bei laufendem Motorbetrieb.

8 Typische Komponenten eines Applikationssystems

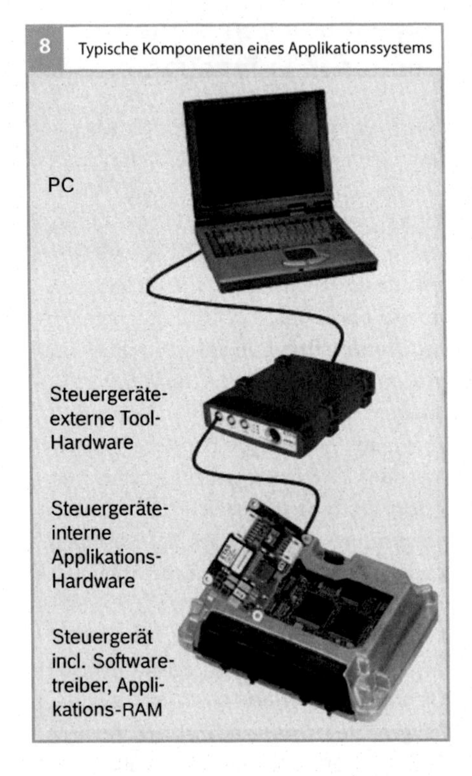

Um dieses zu erreichen, sind eine geeignete Schnittstelle sowie ein spezieller Schreib-Lese-Speicher, ein sogenanntes Applikations-RAM, erforderlich.

Die Schnittstelle wird für den Datenaustausch zwischen Steuergerät und Applikationstool benötigt und im Applikations-RAM werden Messdaten zwischengespeichert und Kopien von zu verstellenden Applikationsdaten abgelegt (Bild 8). Das gesamte System wiederum besteht aus zwei Teilen, wobei einer davon im oder am Steuergerät verbaut ist und der andere durch eine externen Tool-Hardware ausgeführt wird. Diese externe Tool-Hardware ist meist mit einem PC verbunden, auf welchem ein Programm ausgeführt wird, das alle für die Erfassung der Messdaten und Verstellung der Applikationsdaten nötigen Aktionen steuert.

Die verwendete Schnittstelle ist bestimmend für die Nutzdatenrate von Messdaten. So ist heute z. B. mit dem CAN (Internationaler Standard ISO 11898) bis zu rund

9 Entwicklung der Datenraten von Applikationsschnittstellen

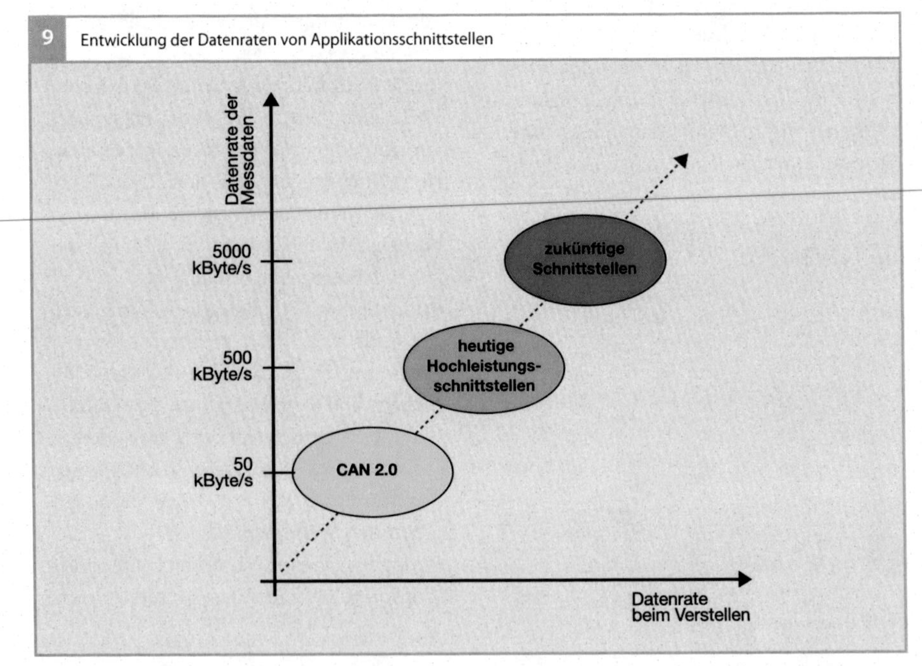

50 kByte/s erzielbar und mit Hochleistungsschnittstellen rund 500 kByte/s. Hochleistungsschnittstellen sind unter anderem Standard-Debug-Schnittstellen. Das Verstellen der Applikationsdaten erfolgt derzeit deutlich langsamer.

Auf Grund der gestiegenen Komplexität von Motorsteuerungen (Mehrfacheinspritzungen pro Verbrennung, höhere Dynamik von Regelkreisen, automatische Parameteroptimierung, ...) muss zukünftig eine wesentlich größere Anzahl von Messdaten erfasst werden. Deshalb wird in Steuergeräten der nächsten Generation sich die maximal mögliche Summendatenrate um mindestens den Faktor 8–10 erhöhen müssen (Bild 9). Das Verstellen von Applikationsdaten soll dann auch in Echtzeit erfolgen können.

Durch solche Applikationssteuergeräte ist man in der Lage, das Motor- und das Fahrzeugverhalten zu erfassen, zu analysieren und zu bewerten, um in iterativen Arbeitsschritten die für das jeweilige Projekt optimalen Parameter zu ermitteln und letztlich die Betriebsfähigkeit beim Endkunden abzusichern.

Hardware-nahe Software

Aufgrund der immer größer werdenden Anforderungen an Energieeffizienz, Energieverbrauch und schadstoffarmer Verbrennung nimmt die Komplexität der Steuergeräte ständig zu. Dabei spielt eine auf die Anforderungen abgestimmte Aufteilung des Systems in Hardware und Software eine wesentliche Rolle. Neben intelligenten, vernetzten Funktionen der Anwendersoftware kommt der optimierten Auslegung von Hardware und Hardware-naher Software (Basis-Software) eine immer größere Bedeutung zu. Um eine ausreichende Flexibilität zu erreichen und kurzfristige Erweiterungen realisieren zu können, werden auch in Zukunft vermehrt Funktionen in die Hardware-nahe Software verlagert.

Zielsetzung der Hardware-nahen Software

Durch die Einführung einer Software-Architektur wird eine Trennung (Kapselung) zwischen Anwender-Software (ASW, Application Software) und Hardware-naher Software (BSW, Basis-Software) definiert. Reine ASW-Module sind auf beliebige Hardware-Plattformen portierbar, Hardware-nahe BSW-Module müssen bei einem Hardware-Wechsel neu entwickelt werden.

Die Hardware-nahe Software beinhaltet Software-Treiber für Eingänge und Ausgänge, Kommunikationsprotokolle, Fehlerspeicher-Management, Werkstattester-Kommunikation, Betriebssystem und Dienstebibliotheken. Die Signalflüsse innerhalb der Basis-Software sind ohne Bezug zu physikalischen Größen, beispielsweise kann ein Analog-Digital-Wandler-Wert sowohl den Umgebungsdruck darstellen als auch eine Fahrpedalposition.

Die Hardware-nahe Software abstrahiert die Hardware, das heißt, intern standardi-

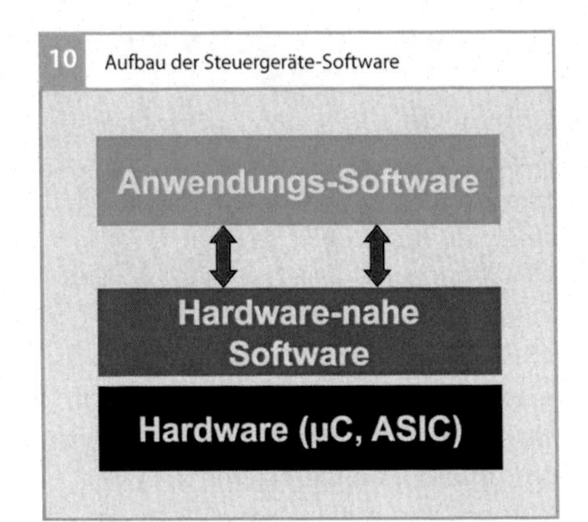

10 Aufbau der Steuergeräte-Software

Bild 10
Die Hardware-unabhängige Software ist portierbar und besteht aus der λ-Regelung, der Momentregelung und der Diagnose (OBD II). Die Hardware-unabhängige Software beinhaltet den Mikrocontroller-Treiber, den ASIC-Treiber und das OSEK-Betriebssystem (siehe z. B. [1]).
µC Mikrocontroller

sierte Zugriffsmechanismen entkoppeln die Hardware von der Anwendungs-Software (Bild 10). Mittels intelligenter Konfigurationsmethoden kann die Basis-Software an die unterschiedlichen Kundenanforderungen angepasst werden. Die Kommunikation zwischen Basis-Software und Anwender-Software wird mittels einfacher funktionaler Schnittstellen hergestellt (Pfeile in Bild 10).

Standardisierung, Methodik AUTOSAR

Um unterschiedliche, im Wandel befindliche Elektrik- und Elektronik-Architekturen unterstützen zu können, ist eine möglichst weitgehende Entkopplung der Anwendersoftware von der Hardware erforderlich. Die Lösung liegt in einer genormten Basis-Software (BSW) und Standard-Schnittstellen für alle elektronischen Fahrzeugfunktionen. Allgemein ist die Basis-Software als die Hardware-abhängige Software definiert, das heißt Software-Komponenten für Controller Peripherals, ECU Peripherals (ASIC), Complex Drivers, Treiber für Applikationsschnittstellen, Diagnose, Kommunikation, Betriebssystem und Systemsteuerung.

Durch die Nutzung des weltweiten AUTOSAR-Standards (Automotive Open System Architecture) wird eine hohe Wiederverwendbarkeit und die Austauschbarkeit von Software sichergestellt. AUTOSAR betrachtet das komplette Fahrzeugsystem, nicht nur ein einzelnes Steuergerät.

AUTOSAR ist ein Konsortium bestehend aus Fahrzeugherstellern, Zulieferern, Elektronik-Herstellern und Tool-Entwicklern. Das Konsortium wurde 2003 mit dem Ziel gegründet, Spezifikationen für Hardware-nahe Software, Software-Methoden und Software-Architekturen zu veröffentlichen.

Die AUTOSAR-konforme Basis-Software stellt die Software-Pakete unterhalb der

11 AUTOSAR-konforme Software-Struktur

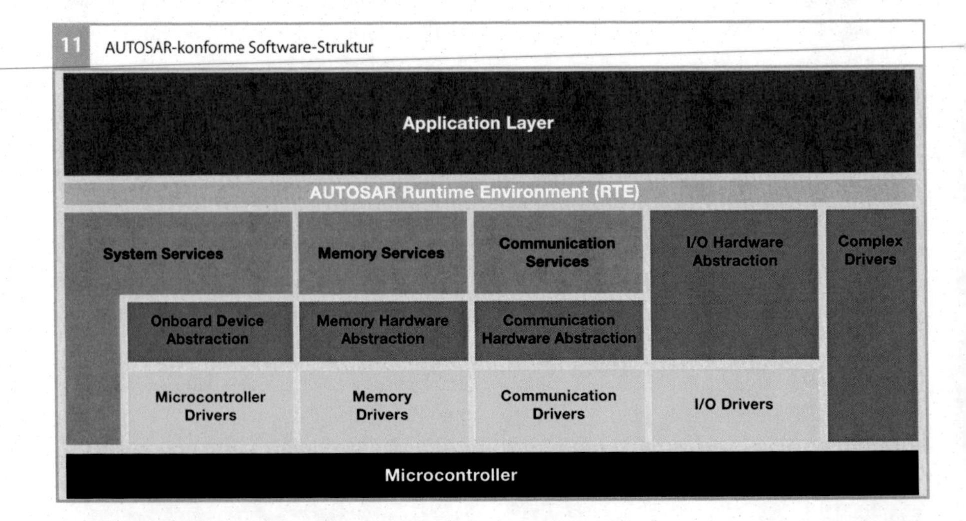

RTE-Schicht (Runtime Environment, siehe Bild 11) inklusive Complex Driver zur Verfügung. Unterschieden werden die drei Software-Schichten:

- Mikrocontroller Abstraction Layer (MCAL) zur Abstrahierung der Mikrocontroller-Peripherie), siehe hellblaue Blöcke in Bild 11,
- Hardware Abstraction Layer (ASIC-Abstrahierung), siehe dunkelblaue Blöcke in Bild 11,
- Service Layer (standardisierte Schnittstellen zur Anwendungsschicht), siehe dunkelgraue Blöcke in Bild 11.

Der Mikrocontroller Abstraction Layer ist dabei spezifisch für unterschiedliche Controller-Derivate, die I/O Hardware Abstraction ist meist für die jeweilige Anwendung spezifisch entwickelt.

Mechanik

Im Motorsteuergerät werden alle Steuer- und Regelalgorithmen des Motormanagements (Zündung, Gemischbildung usw.) ausgeführt. Dazu ist ein Stecker als Schnittstelle zur Spannungsversorgung, zu den Sensoren und zu den Stellgliedern (Aktoren) des Motormanagements notwendig (Bild 12). Von den Bauelementen der Leiterplatte werden die elektrischen Signale der Sensoren ausgewertet und die Ansteuersignale für die Stellglieder berechnet. Die dafür notwendige Software ist im Speicher abgelegt.

Einsatzbedingungen

An das Motorsteuergerät werden wie in Tabelle 1 ausgeführt die hohen Anforderungen des automobilen Umfeldes gestellt. Bild 13 stellt dies in heiterer Form dar.

12 Typisches Motorsteuergerät

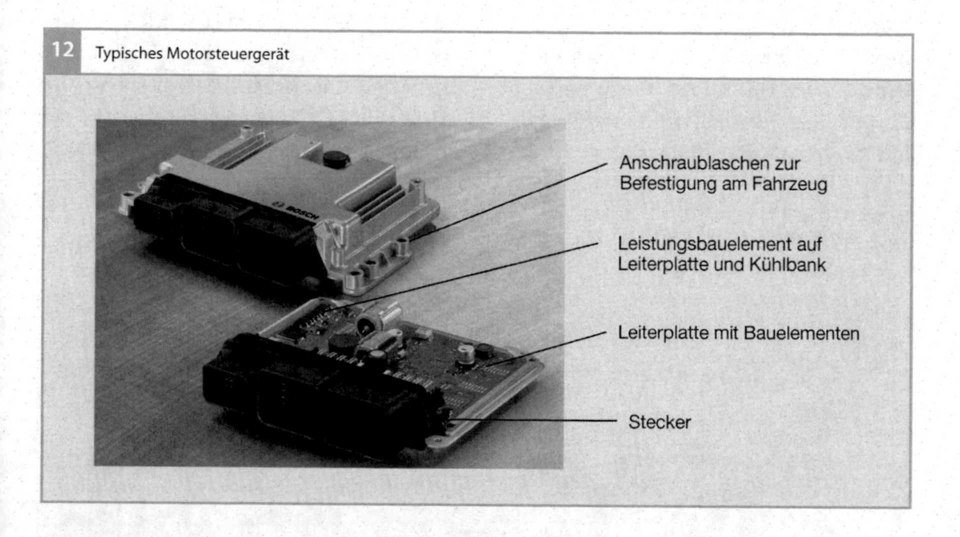

13 Umweltanforderungen an Motorsteuergeräte

Wärmeabfuhr

In Motorsteuergeräten treten je nach Anwendung Verlustleistungen bis 70 Watt auf. Eine wichtige Funktion des Motorsteuergerätes ist deshalb die Kühlung der Leistungsbauelemente. Diese wird gewährleistet, indem die Baugruppen über den Kühlbänken der metallischen Schalen angeordnet werden (siehe Bild 14). Darauf werden Bauelemente mit unten liegender Kühlfläche (Slug-down)

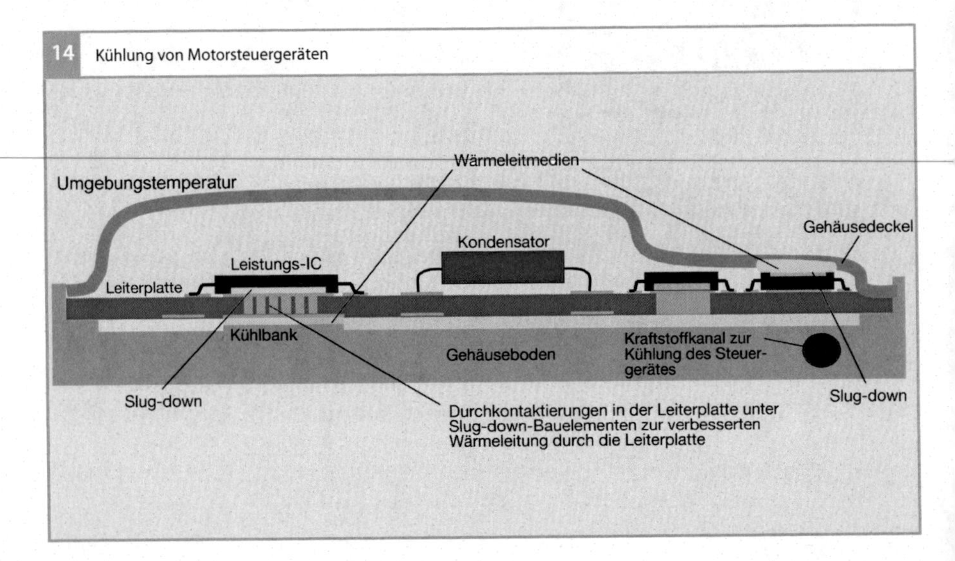

14 Kühlung von Motorsteuergeräten

angeordnet. Die Wärme wird dort über die kupferreichen und damit gut wärmeleitenden Durchkontaktierungen der Leiterplatte und ein flexibles Wärmeleitmedium an den metallischen Steuergeräteboden abgeleitet. In seltenen Fällen werden Slug-up-Bauelemente mit einer oben liegenden Kühlfläche über ein Wärmeleitmedium an dem metallischen Steuergerätedeckel gekühlt.

Literatur

[1] Konrad Reif: *Automobilelektronik – Eine Einführung für Ingenieure*. 5. überarbeitete Auflage, Springer Vieweg Verlag, Wiesbaden 2015, ISBN 978-3-658-05047-4

Diagnose

Die Zunahme der Elektronik im Kraftfahrzeug, die Nutzung von Software zur Steuerung des Fahrzeugs und die erhöhte Komplexität moderner Einspritzsysteme stellen hohe Anforderungen an das Diagnosekonzept, die Überwachung im Fahrbetrieb (On-Board-Diagnose) und die Werkstattdiagnose. Basis der Werkstattdiagnose ist die geführte Fehlersuche, die verschiedene Möglichkeiten von Onboard- und Offboard-Prüfmethoden und Prüfgeräten verknüpft. Im Zuge der Verschärfung der Abgasgesetzgebung und der Forderung nach laufender Überwachung hat auch der Gesetzgeber die On-Board-Diagnose als Hilfsmittel zur Abgasüberwachung erkannt und eine herstellerunabhängige Standardisierung geschaffen. Dieses zusätzlich installierte System wird OBD-System (On Board Diagnostic System) genannt.

Überwachung im Fahrbetrieb – On-Board-Diagnose

Übersicht

Die im Steuergerät integrierte Diagnose gehört zum Grundumfang elektronischer Motorsteuerungssysteme. Neben der Selbstprüfung des Steuergeräts werden Ein- und Ausgangssignale sowie die Kommunikation der Steuergeräte untereinander überwacht. Überwachungsalgorithmen überprüfen während des Betriebs die Eingangs- und Ausgangssignale sowie das Gesamtsystem mit allen relevanten Funktionen auf Fehlverhalten und Störung. Die dabei erkannten Fehler werden im Fehlerspeicher des Steuergeräts abgespeichert. Bei der Fahrzeuginspektion in der Kundendienstwerkstatt werden die gespeicherten Informationen über eine Schnittstelle ausgelesen und ermöglichen so eine schnelle und sichere Fehlersuche und Reparatur.

Überwachung der Eingangssignale

Die Sensoren, Steckverbinder und Verbindungsleitungen (im Signalpfad) zum Steuergerät (Bild 1) werden anhand der ausgewerteten Eingangssignale überwacht. Mit diesen Überprüfungen können neben Sensorfehlern auch Kurzschlüsse zur Batteriespannung U_B und zur Masse sowie Leitungsunterbrechungen festgestellt werden. Hierzu werden folgende Verfahren angewandt:

- Überwachung der Versorgungsspannung des Sensors (falls vorhanden),
- Überprüfung des erfassten Wertes auf den zulässigen Wertebereich (z. B. 0,5...4,5 V),
- Plausibilitätsprüfung der gemessenen Werte mit Modellwerten (Nutzung analytischer Redundanz),
- Plausibilitätsprüfung der gemessenen Werte eines Sensors durch direkten Vergleich mit Werten eines zweiten Sensors (Nutzung physikalischer Redundanz, z. B. bei wichtigen Sensoren wie dem Fahrpedalsensor).

Überwachung der Ausgangssignale

Die vom Steuergerät über Endstufen angesteuerten Aktoren (Bild 1) werden überwacht. Mit den Überwachungsfunktionen werden neben Aktorfehlern auch Leitungsunterbrechungen und Kurzschlüsse erkannt. Hierzu werden folgende Verfahren angewandt: Einerseits erfolgt die Überwachung des Stromkreises eines Ausgangssignals durch die Endstufe. Der Stromkreis wird auf Kurzschlüsse zur Batteriespannung U_B, zur Masse und auf Unterbrechung überwacht. Andererseits werden die Systemauswirkungen des Aktors direkt oder indirekt durch eine Funktions- oder Plausibilitätsüberwachung erfasst. Die Aktoren des Systems, z. B. das Abgasrückführventil, die Drosselklappe oder die Drallklappe, werden indirekt über die Regelkreise (z. B. auf permanente Regelabweichung) und teilweise zusätzlich über

1 Motorsteuerung für einen Ottomotor mit Direkteinspritzung

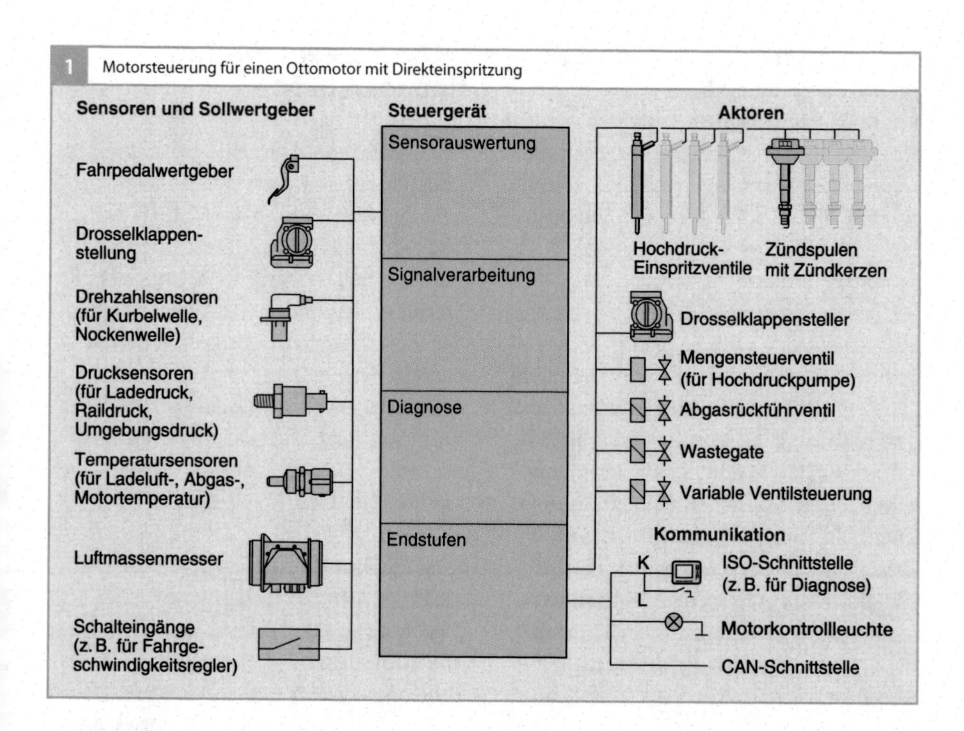

Lagesensoren (z. B. die Stellung der Drallklappe) überwacht.

Überwachung der internen Steuergerätefunktionen

Damit die korrekte Funktionsweise des Steuergeräts jederzeit sichergestellt ist, sind im Steuergerät Überwachungsfunktionen in Hardware (z. B. in „intelligenten“ Endstufenbausteinen) und in Software realisiert. Die Überwachungsfunktionen überprüfen die einzelnen Bauteile des Steuergeräts (z. B. Mikrocontroller, Flash-EPROM, RAM). Viele Tests werden sofort nach dem Einschalten durchgeführt. Weitere Überwachungsfunktionen werden während des normalen Betriebs durchgeführt und in regelmäßigen Abständen wiederholt, damit der Ausfall eines Bauteils auch während des Betriebs erkannt wird. Testabläufe, die sehr viel Rechnerkapazität erfordern oder aus anderen Gründen nicht im Fahrbetrieb erfolgen können, werden im Nachlauf nach „Motor aus“ durchgeführt. Auf diese Weise werden die anderen Funktionen nicht beeinträchtigt. Beim Common-Rail-System für Dieselmotoren werden im Hochlauf oder im Nachlauf z. B. die Abschaltpfade der Injektoren getestet. Beim Ottomotor wird im Nachlauf z. B. das Flash-EPROM geprüft.

Überwachung der Steuergerätekommunikation

Die Kommunikation mit den anderen Steuergeräten findet in der Regel über den CAN-Bus statt. Im CAN-Protokoll sind Kontrollmechanismen zur Störungserkennung integriert, sodass Übertragungsfehler schon im CAN-Baustein erkannt werden können. Darüber hinaus werden im Steuergerät weitere Überprüfungen durchgeführt. Da die meisten CAN-Botschaften in regelmäßigen Abständen von den jeweiligen Steuergeräten versendet werden, kann z. B. der Ausfall eines CAN-Controllers in einem Steuergerät mit der Überprüfung dieser zeitlichen Abstände detektiert werden. Zusätzlich werden die empfangenen Signale bei Vorliegen von redundanten Informationen im Steuergerät durch entsprechenden Vergleich überprüft.

Fehlerbehandlung

Fehlererkennung

Ein Signalpfad wird als endgültig defekt eingestuft, wenn ein Fehler über eine definierte Zeit vorliegt. Bis zur Defekteinstufung wird der zuletzt als gültig erkannte Wert im System verwendet. Mit der Defekteinstufung wird in der Regel eine Ersatzfunktion eingeleitet (z. B. Motortemperatur-Ersatzwert T = 90 °C). Für die meisten Fehler ist eine Intakt-Erkennung während des Fahrzeugbetriebs möglich. Hierzu muss der Signalpfad für eine definierte Zeit als intakt erkannt werden.

Fehlerspeicherung

Jeder Fehler wird im nichtflüchtigen Bereich des Datenspeichers in Form eines Fehlercodes abgespeichert. Der Fehlercode beschreibt auch die Fehlerart (z. B. Kurzschluss, Leitungsunterbrechung, Plausibilität, Wertebereichsüberschreitung). Zu jedem Fehlereintrag werden zusätzliche Informationen gespeichert, z. B. die Betriebs- und Umweltbedingungen (Freeze Frame), die bei Auftreten des Fehlers herrschten (z. B. Motordrehzahl, Motortemperatur).

Notlauffunktionen

Bei Erkennen eines Fehlers können neben Ersatzwerten auch Notlaufmaßnahmen (z. B. Begrenzung der Motorleistung oder -drehzahl) eingeleitet werden. Diese Maßnahmen dienen der Erhaltung der Fahrsicherheit, der Vermeidung von Folgeschäden oder der Begrenzung von Abgasemissionen.

OBD-System für Pkw und leichte Nfz

Damit die vom Gesetzgeber geforderten Emissionsgrenzwerte auch im Alltag eingehalten werden, müssen das Motorsystem und die Komponenten ständig überwacht werden. Deshalb wurden – beginnend in Kalifornien – Regelungen zur Überwachung der abgasrelevanten Systeme und Komponenten erlassen. Damit wird die herstellerspezifische On-Board-Diagnose (OBD) hinsichtlich der Überwachung emissionsrelevanter Komponenten und Systeme standardisiert und weiter ausgebaut.

Gesetzgebung

OBD I (CARB)

1988 trat in Kalifornien mit der OBD I die erste Stufe der CARB-Gesetzgebung (California Air Resources Board) in Kraft. Diese erste OBD-Stufe verlangt die Überwachung abgasrelevanter elektrischer Komponenten (Kurzschlüsse, Leitungsunterbrechungen) und die Abspeicherung der Fehler im Fehlerspeicher des Steuergeräts sowie eine Motorkontrollleuchte (Malfunction Indicator Lamp, MIL), die dem Fahrer erkannte Fehler anzeigt. Außerdem muss mit Onboard-Mitteln (z. B. Blinkcode über eine Kontrollleuchte) ausgelesen werden können, welche Komponente ausgefallen ist.

OBD II (CARB)

1994 wurde mit OBD II die zweite Stufe der Diagnosegesetzgebung in Kalifornien eingeführt. Für Fahrzeuge mit Dieselmotoren wurde OBD II ab 1996 Pflicht. Zusätzlich zu dem Umfang OBD I wird nun auch die Funktionalität des Systems überwacht (z. B. durch Prüfung von Sensorsignalen auf Plausibilität). Die OBD II verlangt, dass alle abgasrelevanten Systeme und Komponenten, die bei Fehlfunktion zu einer Erhöhung der schädlichen Abgasemissionen (und damit zur Überschreitung der OBD-Grenzwerte) führen können, überwacht werden. Zusätzlich sind auch alle Komponenten, die zur Überwachung emissionsrelevanter Komponenten eingesetzt werden oder die das Diagnoseergebnis beeinflussen können, zu überwachen.

Für alle zu überprüfenden Komponenten und Systeme müssen die Diagnosefunktionen in der Regel mindestens einmal im Abgas-Testzyklus (z. B. FTP 75, Federal Test Procedure) durchlaufen werden. Die OBD-II-Gesetzgebung schreibt ferner eine Normung der Fehlerspeicherinformation und des Zugriffs darauf (Stecker, Kommunikation) nach ISO-15031 und den entsprechenden SAE-Normen (Society of Automotive Engineers) vor. Dies ermöglicht das Auslesen des Fehlerspeichers über genormte, frei käufliche Tester (Scan-Tools).

Erweiterungen der OBD II

Ab Modelljahr 2004

Seit Einführung der OBD II wurde das Gesetz in mehreren Stufen (Updates) überarbeitet. Seit Modelljahr 2004 ist die Aktualisierung der CARB OBD II zu erfüllen, welche neben verschärften und zusätzlichen funktionalen Anforderungen auch die Überprüfung der Diagnosehäufigkeit ab Modelljahr 2005 im Alltag (In Use Monitor Performance Ratio, IUMPR) erfordert.

Ab Modelljahr 2007

Die letzte Überarbeitung gilt ab Modelljahr 2007. Neue Anforderungen für Ottomotoren sind im Wesentlichen die Diagnose zylinderindividueller Gemischvertrimmung (Air-Fuel-Imbalance), erweiterte Anforderungen an die Diagnose der Kaltstartstrategie sowie die permanente Fehlerspeicherung, die auch für Dieselsysteme gilt.

Ab Modelljahr 2014

Für diese erfolgt eine erneute Überarbeitung des Gesetzes (Biennial Review) durch den Gesetzgeber. Es gibt generell auch konkrete Überlegungen, die OBD-Anforderungen hinsichtlich der Erkennung von CO_2-erhöhenden Fehlern zu erweitern. Zudem ist mit einer Präzisierung der Anforderungen für Hybrid-Fahrzeuge zu rechnen. Voraussichtlich tritt diese Erweiterung ab Modelljahr 2014 oder 2015 sukzessive in Kraft.

EPA-OBD

In den übrigen US-Bundesstaaten, welche die kalifornische OBD-Gesetzgebung nicht anwenden, gelten seit 1994 die Gesetze der Bundesbehörde EPA (Environmental Protection Agency). Der Umfang dieser Diagnose entspricht im Wesentlichen der CARB-Gesetzgebung (OBD II). Ein CARB-Zertifikat wird von der EPA anerkannt.

EOBD

Die auf europäische Verhältnisse angepasste OBD wird als EOBD (europäische OBD) bezeichnet und lehnt sich an die EPA-OBD an. Die EOBD gilt seit Januar 2000 für Pkw und leichte Nfz (bis zu 3,5 t und bis zu 9 Sitzplätzen) mit Ottomotoren. Neue Anforderungen an die EOBD für Otto- und Diesel-Pkw wurden im Rahmen der Emissions- und OBD-Gesetzgebung Euro 5/6 verabschiedet (OBD-Stufen: Euro 5 ab September 2009; Euro 5+ ab September 2011, Euro 6-1 ab September 2014 und Euro 6-2 ab September 2017).

Eine generelle neue Anforderung für Otto- und Diesel-Pkw ist die Überprüfung der Diagnosehäufigkeit im Alltag (In-Use-Performance-Ratio) in Anlehnung an die CARB-OBD-Gesetzgebung (IUMPR) ab Euro 5+ (September 2011). Für Ottomotoren erfolgte mit der Einführung von Euro 5 ab September 2009 primär die Absenkung der OBD-Grenzwerte. Zudem wurde neben einem Partikelmassen-OBD-Grenzwert (nur für direkteinspritzende Motoren) auch ein NMHC-OBD-Grenzwert (Kohlenwasserstoffe außer Methan, anstelle des bisherigen HC) eingeführt. Direkte funktionale OBD-Anforderungen resultieren in der Überwachung des Dreiwegekatalysators auf NMHC. Ab September 2011 gilt die Stufe Euro 5+ mit unveränderten OBD-Grenzwerten gegenüber Euro 5. Wesentliche funktionale Anforderungen an die EOBD sind die zusätzliche Überwachung des Dreiwegekatalysators auf NO_x. Mit Euro 6-1 ab September 2014 und Euro 6-2 ab September 2017 ist eine weitere zweistufige Reduzierung einiger OBD-Grenzwerte beschlossen worden (siehe Tabelle 1), wobei für Euro 6-2 noch eine Revision der Werte bis September 2014 möglich ist.

Andere Länder

Einige andere Länder haben die EU- oder die US-OBD-Gesetzgebung bereits übernommen oder planen deren Einführung (z. B. China, Russland, Südkorea, Indien, Brasilien, Australien).

Anforderungen an das OBD-System

Alle Systeme und Komponenten im Kraftfahrzeug, deren Ausfall zu einer Verschlechterung der im Gesetz festgelegten Abgasprüfwerte führt, müssen vom Motorsteuergerät durch geeignete Maßnahmen überwacht werden. Führt ein vorliegender Fehler zum Überschreiten der OBD-Grenzwerte, so muss dem Fahrer das Fehlverhalten über die Motorkontrollleuchte angezeigt werden.

Grenzwerte

Die US-OBD II (CARB und EPA) sieht OBD-Schwellen vor, die relativ zu den Emissionsgrenzwerten definiert sind. Damit ergeben sich für die verschiedenen Abgaskategorien, nach denen die Fahrzeuge zertifiziert sind (z. B. LEV, ULEV, SULEV, etc.), unterschiedliche zulässige OBD-Grenzwerte. Bei der für die europäische Gesetzgebung geltenden EOBD sind absolute Grenzwerte verbindlich (Tabelle 1).

Anforderungen an die Funktionalität

Bei der On-Board-Diagnose müssen alle Eingangs- und Ausgangssignale des Steuergeräts sowie die Komponenten selbst überwacht werden. Die Gesetzgebung fordert die elektrische Überwachung (Kurzschluss, Leitungsunterbrechung) sowie eine Plausibilitätsprüfung für Sensoren und eine Funktionsüberwachung für Aktoren. Die Schadstoffkonzentration, die durch den Ausfall einer Komponente zu erwarten ist (kann im Abgaszyklus gemessen werden), sowie die teilweise im

Tabelle 1
OBD-Grenzwerte für Otto-Pkw
NMHC Kohlenwasserstoffe außer Methan,
PM Partikelmasse,
CO Kohlenmonoxid,
NO_x Stickoxide.

Die Grenzwerte für EU 5 gelten ab September 2009, für EU 6-1 ab September 2014 und für EU 6-2 ab September 2017. Bei EU 6-2 handelt es sich um einen EU-Kommissionsvorschlag. Die endgültige Festlegung erfolgte September 2014. Der Grenzwert bezüglich Partikelmasse ab EU 5 gilt nur für Direkteinspritzung.

OBD-Gesetz	OBD-Grenzwerte		
CARB	– Relative Grenzwerte – Meist 1,5-facher Grenzwert der jeweiligen Abgaskategorie		
EPA (US-Federal)	– Relative Grenzwerte – Meist 1,5-facher Grenzwert der jeweiligen Abgaskategorie		
EOBD	– Absolute Grenzwerte		
	EU 5	EU 6-1	EU 6-2
	CO: 1 900 mg/km	CO: 1 900 mg/km	CO: 1 900 mg/km
	NMHC: 250 mg/km	NMHC: 170 mg/km	NMHC: 170 mg/km
	NO_x: 300 mg/km	NO_x: 150 mg/km	NO_x: 90 mg/km
	PM: 50 mg/km	PM: 25 mg/km	PM: 12 mg/km

Gesetz geforderte Art der Überwachung bestimmt auch die Art der Diagnose. Ein einfacher Funktionstest (Schwarz-Weiß-Prüfung) prüft nur die Funktionsfähigkeit des Systems oder der Komponenten, z. B. ob die Drallklappe öffnet und schließt. Die umfangreiche Funktionsprüfung macht eine genauere Aussage über die Funktionsfähigkeit des Systems und bestimmt gegebenenfalls auch den quantitativen Einfluss der defekten Komponente auf die Emissionen. So muss bei der Überwachung der adaptiven Einspritzfunktionen (z. B. Nullmengenkalibrierung beim Dieselmotor oder λ-Adaption beim Ottomotor) die Grenze der Adaption überwacht werden. Die Komplexität der Diagnosen hat mit der Entwicklung der Abgasgesetzgebung ständig zugenommen.

Motorkontrollleuchte

Die Motorkontrollleuchte weist den Fahrer auf das fehlerhafte Verhalten einer Komponente hin. Bei einem erkannten Fehler wird sie im Geltungsbereich von CARB und EPA im zweiten Fahrzyklus mit diesem Fehler eingeschaltet. Im Geltungsbereich der EOBD muss sie spätestens im dritten Fahrzyklus mit erkanntem Fehler eingeschaltet werden. Verschwindet ein Fehler wieder (z. B. ein Wackelkontakt), so bleibt der Fehler im Fehlerspeicher noch 40 Fahrten (Warm up Cycles) eingetragen. Die Motorkontrollleuchte wird nach drei fehlerfreien Fahrzyklen wieder ausgeschaltet. Bei Fehlern, die beim Ottomotor zu einer Schädigung des Katalysators führen können (z. B. Verbrennungsaussetzer), blinkt die Motorkontrollleuchte.

Kommunikation mit dem Scan-Tool

Die OBD-Gesetzgebung schreibt eine Standardisierung der Fehlerspeicherinformation und des Zugriffs darauf (Stecker, Kommunikationsschnittstelle) nach der ISO-15031-Norm und den entsprechenden SAE-Normen vor. Dies ermöglicht das Auslesen des Fehlerspeichers über genormte, frei käufliche Tester (Scan-Tools, Bild 2). Ab 2008 ist nach der CARB-Gesetzgebung und ab 2014 nach der EU-Gesetzgebung nur noch die Diagnose über CAN (nach der ISO-15765) erlaubt.

2 OBD-System

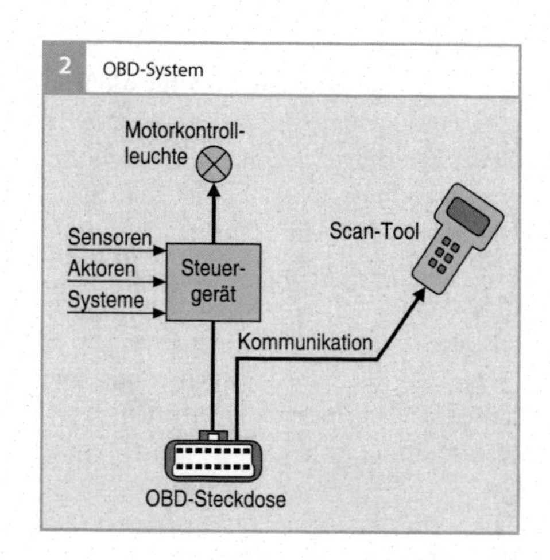

Fahrzeugreparatur

Mit Hilfe des Scan-Tools können die emissionsrelevanten Fehlerinformationen von jeder Werkstatt aus dem Steuergerät ausgelesen werden. So werden auch herstellerunabhängige Werkstätten in die Lage versetzt, eine Reparatur durchzuführen. Zur Sicherstellung einer fachgerechten Reparatur werden die Hersteller verpflichtet, notwendige Werkzeuge und Informationen gegen eine angemessene Bezahlung zur Verfügung zu stellen (z. B. Reparaturanleitungen im Internet).

Einschaltbedingungen

Die Diagnosefunktionen werden nur dann abgearbeitet, wenn die physikalischen Einschaltbedingungen erfüllt sind. Hierzu gehören z. B. Drehmomentschwellen, Motortemperaturschwellen und Drehzahlschwellen oder -grenzen.

Sperrbedingungen
Diagnosefunktionen und Motorfunktionen können nicht immer gleichzeitig arbeiten. Es gibt Sperrbedingungen, die die Durchführung bestimmter Funktionen unterbinden. Beispielsweise kann die Tankentlüftung (mit Kraftstoffverdunstungs-Rückhaltesystem) des Ottomotors nicht arbeiten, wenn die Katalysatordiagnose in Betrieb ist. Beim Dieselmotor kann der Luftmassenmesser nur dann hinreichend überwacht werden, wenn das Abgasrückführventil geschlossen ist.

Temporäres Abschalten von Diagnosefunktionen
Um Fehldiagnosen zu vermeiden, dürfen die Diagnosefunktionen unter bestimmten Voraussetzungen abgeschaltet werden. Beispiele hierfür sind große Höhe, niedrige Umgebungstemperatur bei Motorstart oder niedrige Batteriespannung.

Readiness-Code
Für die Überprüfung des Fehlerspeichers ist es von Bedeutung, zu wissen, dass die Diagnosefunktionen wenigstens ein Mal abgearbeitet wurden. Das kann durch Auslesen der Readiness-Codes (Bereitschaftscodes) über die Diagnoseschnittstelle überprüft werden. Diese Readiness-Codes werden für die wichtigsten überwachten Komponenten gesetzt, wenn die entsprechenden gesetzesrelevanten Diagnosen abgeschlossen sind.

Diagnose-System-Manager
Die Diagnosefunktionen für alle zu überprüfenden Komponenten und Systeme müssen im Fahrbetrieb, jedoch mindestens einmal im Abgas-Testzyklus (z. B. FTP 75, NEFZ) durchlaufen werden. Der Diagnose-System-Manager (DSM) kann die Reihenfolge für die Abarbeitung der Diagnosefunktionen je nach Fahrzustand dynamisch verändern. Ziel dabei ist, dass alle Diagnosefunktionen auch im täglichen Fahrbetrieb häufig ablaufen.

Der Diagnose-System Manager besteht aus den Komponenten Diagnose-Fehlerpfad-Management zur Speicherung von Fehlerzuständen und zugehörigen Umweltbedingungen (Freeze Frames), Diagnose-Funktions-Scheduler zur Koordination der Motor- und Diagnosefunktionen und dem Diagnose-Validator zur zentralen Entscheidung bei erkannten Fehlern über ursächlichen Fehler oder Folgefehler. Alternativ zum Diagnose-Validator gibt es auch Systeme mit dezentraler Validierung, d. h., die Validierung erfolgt in der Diagnosefunktion.

Rückruf
Erfüllen Fahrzeuge die gesetzlichen OBD-Forderungen nicht, kann der Gesetzgeber auf Kosten der Fahrzeughersteller Rückrufaktionen anordnen.

OBD-Funktionen

Übersicht
Während die EOBD nur bei einzelnen Komponenten die Überwachung im Detail vorschreibt, sind die spezifischen Anforderungen bei der CARB-OBD II wesentlich detaillierter. Die folgende Liste stellt den derzeitigen Stand der CARB-Anforderungen (ab Modelljahr 2010) für Pkw-Ottofahrzeuge dar. Mit (E) sind die Anforderungen markiert, die auch in der EOBD-Gesetzgebung detaillierter beschrieben sind:

- Katalysator (E), beheizter Katalysator,
- Verbrennungsaussetzer (E),
- Kraftstoffverdunstungs-Minderungssystem (Tankleckdiagnose, bei (E) zumindest die elektrische Prüfung des Tankentlüftungsventils),
- Sekundärlufteinblasung,
- Kraftstoffsystem,

- Abgassensoren (λ-Sonden (E), NO_x-Sensoren (E), Partikelsensor),
- Abgasrückführsystem (E),
- Kurbelgehäuseentlüftung,
- Motorkühlsystem,
- Kaltstartemissionsminderungssystem,
- Klimaanlage (bei Einfluss auf Emissionen oder OBD),
- variabler Ventiltrieb (derzeit nur bei Ottomotoren im Einsatz),
- direktes Ozonminderungssystem,
- sonstige emissionsrelevante Komponenten und Systeme (E), Comprehensive Components
- IUMPR (In-Use-Monitor-Performance-Ratio) zur Prüfung der Durchlaufhäufigkeit von Diagnosefunktionen im Alltag (E).

Sonstige emissionsrelevante Komponenten und Systeme sind die in dieser Aufzählung nicht genannten Komponenten und Systeme, deren Ausfall zur Erhöhung der Abgasemissionen (CARB OBD II), zur Überschreitung der OBD-Grenzwerte (CARB OBD II und EOBD) oder zur negativen Beeinflussung des Diagnosesystems (z. B. durch Sperrung anderer Diagnosefunktionen) führen kann. Bei der Durchlaufhäufigkeit von Diagnosefunktionen müssen Mindestwerte eingehalten werden.

Katalysatordiagnose

Der Dreiwegekatalysator hat die Aufgabe, die bei der Verbrennung des Luft-Kraftstoff-Gemischs entstehenden Schadstoffe CO, NO_x und HC zu konvertieren. Durch Alterung oder Schädigung (thermisch oder durch Vergiftung) nimmt die Konvertierungsleistung ab. Deshalb muss die Katalysatorwirkung überwacht werden.

Ein Maß für die Konvertierungsleistung des Katalysators ist seine Sauerstoff-Speicherfähigkeit (Oxygen Storage Capacity). Bislang konnte bei allen Beschichtungen von Dreiwegekatalysatoren (Trägerschicht „Wash-Coat" mit Ceroxiden als sauerstoffspeichernde Komponenten und Edelmetallen als eigentlichem Katalysatormaterial) eine Korrelation dieser Speicherfähigkeit zur Konvertierungsleistung nachgewiesen werden.

Die primäre Gemischregelung erfolgt mithilfe einer λ-Sonde vor dem Katalysator nach dem Motor. Bei heutigen Motorkonzepten ist eine weitere λ-Sonde hinter dem Katalysator angebracht, die zum einen der Nachregelung der primären λ-Sonde dient, zum anderen für die OBD genutzt wird. Das Grundprinzip der Katalysatordiagnose ist dabei der Vergleich der Sondensignale vor und hinter dem betrachteten Katalysator.

Diagnose von Katalysatoren mit geringer Sauerstoff-Speicherfähigkeit

Die Diagnose von Katalysatoren mit geringer Sauerstoff-Speicherfähigkeit erfolgt vorwiegend mit dem „passiven Amplituden-Modellierungs-Verfahren" (siehe Bild 3). Das Diagnoseverfahren beruht auf der Bewertung der Sauerstoffspeicherfähigkeit des Katalysators. Der Sollwert der λ-Regelung wird mit definierter Frequenz und Amplitude moduliert. Es wird die Sauerstoffmenge berechnet, die durch mageres ($\lambda > 1$) oder fettes Gemisch ($\lambda < 1$) in den Sauerstoffspeicher eines Katalysators aufgenommen oder diesem entnommen wird. Die Amplitude der λ-Sonde hinter dem Katalysator ist stark abhängig von der Sauerstoff-Wechselbelastung (abwechselnd Mangel und Überschuss) des Katalysators. Angewandt wird diese Berechnung auf den Sauerstoffspeicher (OSC, Oxygen Storage Component) des Grenzkatalysators. Die Änderung der Sauerstoffkonzentration im Abgas hinter dem Katalysator wird modelliert. Dem liegt die Annahme zugrunde, dass der den Katalysator

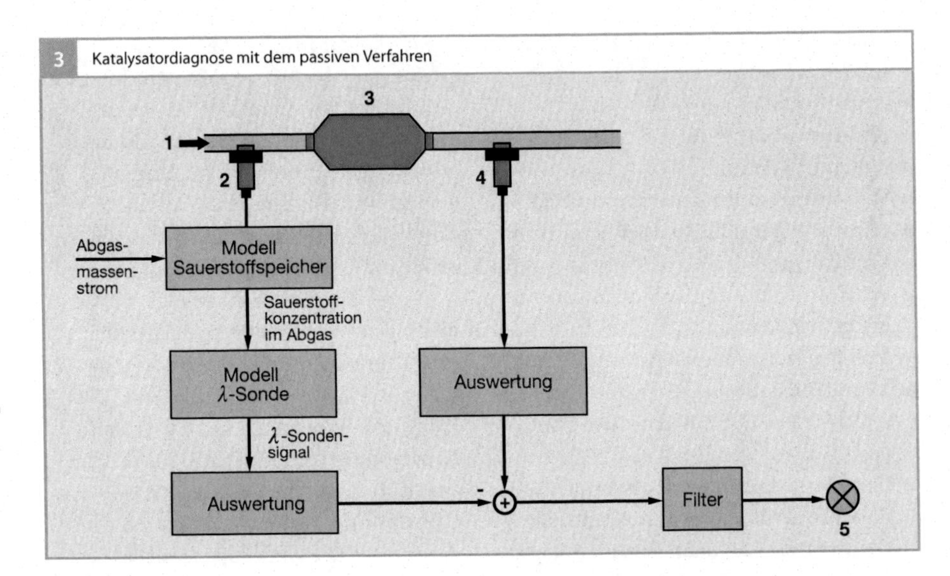

Bild 3
1 Abgasmassenstrom vom Motor
2 λ-Sonde
3 Katalysator
4 λ-Sonde
5 Motorkontrollleuchte

verlassenden Sauerstoff proportional zum Füllstand des Sauerstoffspeichers ist.

Durch diese Berechnung ist es möglich, das aufgrund der Änderung der Sauerstoffkonzentration resultierende Sondensignal nachzubilden. Die Schwankungshöhe dieses nachgebildeten Sondensignals wird nun mit der Schwankungshöhe des tatsächlichen Sondensignals verglichen. Solange das gemessene Sondensignal eine geringere Schwankungshöhe aufweist als das nachgebildete, besitzt der Katalysator eine höhere Sauerstoffspeicherfähigkeit als der nachgebildete Grenzkatalysator. Übersteigt die Schwankungshöhe des gemessenen Sondensignals diejenige des nachgebildeten Grenzkatalysators, so ist der Katalysator als defekt anzuzeigen.

Diagnose von Katalysatoren mit hoher Sauerstoff-Speicherfähigkeit

Zur Diagnose von Katalysatoren mit hoher Sauerstoffspeicherfähigkeit wird vorwiegend das „aktive Verfahren" bevorzugt (siehe Bild 4). Infolge der hohen Sauerstoffspeicherfähigkeit wird die Modulation des Regelsollwerts auch bei geschädigtem Katalysator noch sehr stark gedämpft. Deshalb ist die Änderung der Sauerstoffkonzentration hinter dem Katalysator für eine passive Auswertung, wie bei dem zuvor beschriebenen passiven Verfahren, zu gering, sodass ein Diagnoseverfahren mit einem aktiven Eingriff in die λ-Regelung erforderlich ist.

Die Katalysator-Diagnose beruht auf der direkten Messung der Sauerstoff-Speicherung beim Übergang von fettem zu magerem Gemisch. Vor dem Katalysator ist eine stetige Breitband-λ-Sonde eingebaut, die den Sauerstoffgehalt im Abgas misst. Hinter dem Katalysator befindet sich eine Zweipunkt-λ-Sonde, die den Zustand des Sauerstoffspeichers detektiert. Die Messung wird in einem stationären Betriebspunkt im unteren Teillastbereich durchgeführt.

In einem ersten Schritt wird der Sauerstoffspeicher durch fettes Abgas ($\lambda < 1$) vollständig entleert. Das Sondensignal der hinteren Sonde zeigt dies durch eine entsprechend hohe Spannung (ca. 650 mV) an. Im nächsten Schritt wird auf mageres Abgas ($\lambda > 1$) umgeschaltet und die eingetragene

4 Katalysatordiagnose mit dem aktiven Verfahren

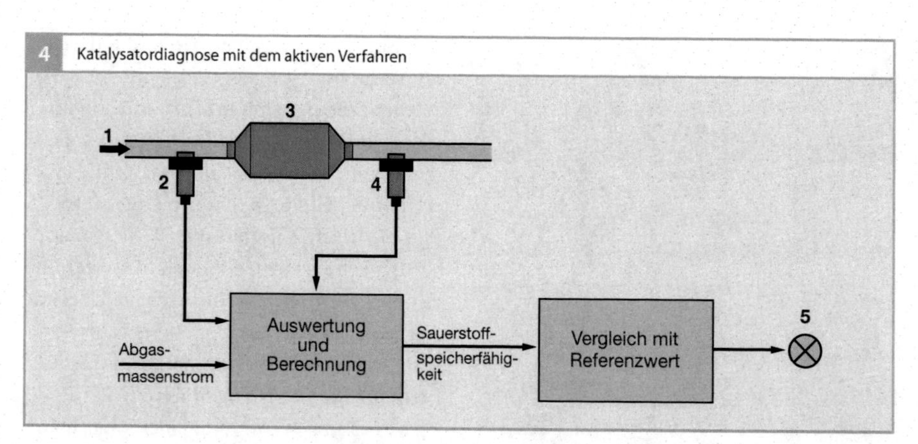

Bild 4
1 Abgasmassenstrom vom Motor
2 Breitband-λ-Sonde
3 Katalysator
4 Zweipunkt-λ-Sonde
5 Motorkontrollleuchte

Sauerstoffmasse bis zum Überlauf des Sauerstoffspeichers mithilfe des Luftmassenstroms und des Signals der Breitband-λ-Sonde vor dem Katalysator berechnet. Der Überlauf ist durch das Absinken der Sondenspannung hinter dem Katalysator auf Werte unter 200 mV gekennzeichnet. Der berechnete Integralwert der Sauerstoffmasse gibt die Sauerstoffspeicherfähigkeit an. Dieser Wert muss einen Referenzwert überschreiten, sonst wird der Katalysator als defekt eingestuft.

Prinzipiell wäre die Auswertung auch mit der Messung der Regeneration des Sauerstoff-Speichers bei einem Übergang vom mageren zum fetten Betrieb möglich. Mit der Messung der Sauerstoff-Einspeicherung beim Fett-Mager-Übergang ergibt sich aber eine geringere Temperaturabhängigkeit und eine geringere Abhängigkeit von der Verschwefelung, sodass mit dieser Methode eine genauere Bestimmung der Sauerstoff-Speicherfähigkeit möglich ist.

Diagnose von NO_x-Speicherkatalysatoren
Neben der Funktion als Dreiwegekatalysator hat der für die Benzin-Direkteinspritzung erforderliche NO_x-Speicherkatalysator die Aufgabe, die im Magerbetrieb (bei $\lambda > 1$) nicht konvertierbaren Stickoxide zwischenzuspeichern, um sie später bei einem homogen verteilten Luft-Kraftstoff-Gemisch mit $\lambda < 1$ zu konvertieren. Die NO_x-Speicherfähigkeit dieses Katalysators – gekennzeichnet durch den Katalysator-Gütefaktor – nimmt durch Alterung und Vergiftung (z. B. Schwefeleinlagerung) ab. Deshalb ist eine Überwachung der Funktionsfähigkeit erforderlich. Hierfür können je eine λ -Sonde vor und hinter dem Katalysator verwendet werden. Zur Bestimmung des Katalysator-Gütefaktors wird der tatsächliche NO_x-Speicherinhalt mit dem Erwartungswert des NO_x-Speicherinhalts für einen neuen NO_x-Katalysator (aus einem Neukatalysator-Modell) verglichen. Der tatsächliche NO_x-Speicherinhalt entspricht dem gemessenen Reduktionsmittelverbrauch (HC und CO) während der Regenerierung des Katalysators. Die Menge an Reduktionsmitteln wird durch Integration des Reduktionsmittel-Massenstroms während der Regenerierphase bei $\lambda < 1$ ermittelt. Das Ende der Regenerierungsphase wird durch einen Spannungssprung der λ-Sonde hinter dem Katalysator erkannt. Alternativ kann über einen NO_x-Sensor der tatsächliche NO_x-Speicherinhalt bestimmt werden.

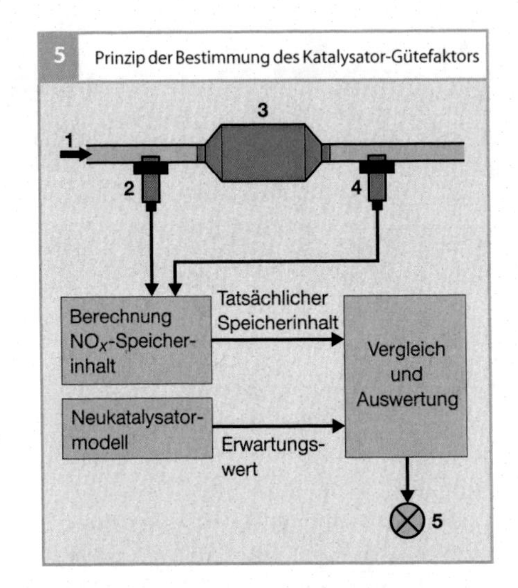

Bild 5
1 Abgasmassenstrom vom Motor
2 Breitband-λ-Sonde
3 NO_x-Speicherkatalysators
4 Zweipunkt-λ-Sonde oder NO_x-Sensor
5 Motorkontrollleuchte

Verbrennungsaussetzererkennung

Der Gesetzgeber fordert die Erkennung von Verbrennungsaussetzern, die z. B. durch abgenutzte Zündkerzen auftreten können. Ein Zündaussetzer verhindert das Entflammen des Luft-Kraftstoff-Gemischs im Motor, es kommt zu einem Verbrennungsaussetzer, und unverbranntes Gemisch wird in den Abgastrakt ausgestoßen. Die Aussetzer verursachen daher eine Nachverbrennung des unverbrannten Gemischs im Katalysator und führen dadurch zu einem Temperaturanstieg. Dies kann eine schnellere Alterung oder sogar eine völlige Zerstörung des Katalysators zur Folge haben. Weiterhin führen Zündaussetzer zu einer Erhöhung der Abgasemissionen, insbesondere von HC und CO, sodass eine Überwachung auf Zündaussetzer notwendig ist.

Die Aussetzererkennung wertet für jeden Zylinder die von einer Verbrennung bis zur nächsten verstrichene Zeit – die Segmentzeit – aus. Diese Zeit wird aus dem Signal des Drehzahlsensors abgeleitet. Gemessen wird die Zeit, die verstreicht, wenn sich das Kurbelwellen-Geberrad eine bestimmte Anzahl von Zähnen weiterdreht. Bei einem Verbrennungsaussetzer fehlt dem Motor das durch die Verbrennung erzeugte Drehmoment, was zu einer Verlangsamung führt. Eine signifikante Verlängerung der daraus resultierenden Segmentzeit deutet auf einen Zündaussetzer hin (Bild 6). Bei hohen Drehzahlen und niedriger Motorlast beträgt die Verlängerung der Segmentzeit durch Aussetzer nur etwa 0,2 %. Deshalb ist eine genaue Überwachung der Drehbewegung und ein aufwendiges Rechenverfahren notwendig, um Verbrennungsaussetzer von Störgrößen (z. B. Erschütterungen aufgrund einer schlechten Fahrbahn) unterscheiden zu können. Die Geberradadaption kompensiert Abweichungen, die auf Fertigungstoleranzen am Geberrad zurückzuführen sind. Diese Funktion ist im Teillast-Bereich und Schubbetrieb aktiv, da in diesem Betriebszustand nur ein geringes oder kein beschleunigendes Drehmoment aufgebaut wird. Die Geberradadaption liefert Korrekturwerte für die Segmentzeiten. Bei unzulässig hohen Aussetzerraten kann an dem betroffenen Zylinder die Einspritzung ausgeblendet werden, um den Katalysator zu schützen.

Tankleckdiagnose

Nicht nur die Abgasemissionen beeinträchtigen die Umwelt, sondern auch die aus dem Kraftstoff führenden System – insbesondere aus der Tankanlage – entweichenden Kraftstoffdämpfe (Verdunstungsemissionen), sodass auch hierfür Emissionsgrenzwerte gelten. Zur Begrenzung der Verdunstungsemissionen werden die Kraftstoffdämpfe im Aktivkohlebehälter des Kraftstoffverdunstungs-Rückhaltesystems (Bild 7) bei geschlossenem Absperrventil (4) gespeichert und später wieder über das Tankentlüftungsventil und das Saugrohr der Verbrennung im Motor zugeführt. Das Regenerieren des Aktivkohlebehälters erfolgt durch Luftzufuhr bei geöffnetem Absperrventil (4) und bei ge-

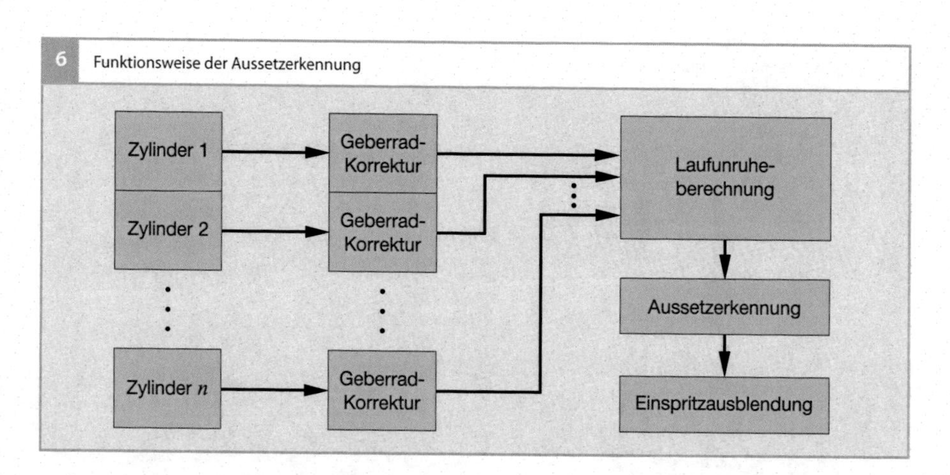

öffnetem Tankentlüftungsventil (2). Im normalen Motorbetrieb (d. h. keine Regenerierung oder Diagnose) bleibt das Absperrventil geschlossen, um ein Ausgasen der Kraftstoffdämpfe aus dem Tank in die Umwelt zu verhindern. Die Überwachung des Tanksystems gehört zum Diagnoseumfang.

Für den europäischen Markt beschränkt sich der Gesetzgeber zunächst auf eine einfache Überprüfung des elektrischen Schaltkreises des Tankdrucksensors und des Tankentlüftungsventils. In den USA wird hingegen das Erkennen von Lecks im Kraftstoffsystem gefordert. Hierfür gibt es die folgenden zwei unterschiedlichen Diagnoseverfahren, mit welchen ein Grobleck bis zu 1,0 mm Durchmesser und ein Feinleck bis zu 0,5 mm Durchmesser erkannt werden kann. Die folgenden Ausführungen beschreiben die prinzipielle Funktionsweise der Leckerkennung ohne die Einzelheiten bei der Realisierung.

Diagnoseverfahren mit Unterdruckabbau
Bei stehendem Fahrzeug wird im Leerlauf das Tankentlüftungsventil (Bild 7, Pos. 2) geschlossen. Daraufhin wird im Tanksystem, infolge der durch das offene Absperrventil (4) hereinströmenden Luft, der Unterdruck verringert, d. h., der Druck im Tanksystem steigt. Wenn der Druck, der mit dem Drucksensor (6) gemessen wird, in einer bestimmten Zeit nicht den Umgebungsdruck erreicht, wird auf ein fehlerhaftes Absperrventil geschlossen, da sich dieses nicht genügend oder gar nicht geöffnet hat.

Liegt kein Defekt am Absperrventil vor, wird dieses geschlossen. Durch Ausgasung (Kraftstoffverdunstung) kann nun ein Druckanstieg erfolgen. Der sich einstellende Druck darf einen bestimmten Bereich weder über- noch unterschreiten. Liegt der gemessene Druck unterhalb des vorgeschriebenen Bereichs, so liegt eine Fehlfunktion im Tankentlüftungsventil vor. Das heißt, die Ursa-

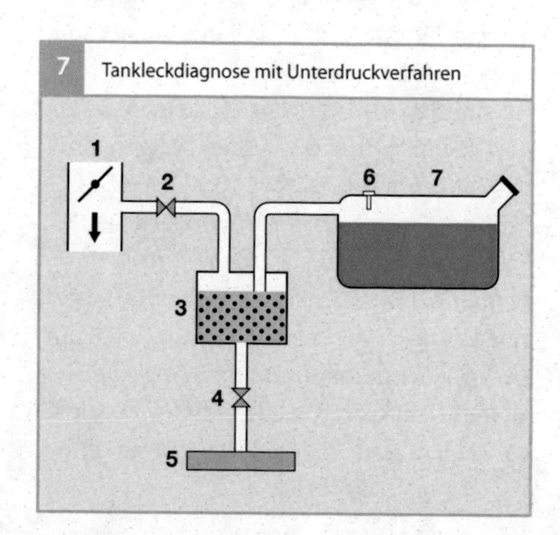

Bild 7
1 Saugrohr mit Drosselklappe
2 Tankentlüftungsventil (Regenerierventil)
3 Aktivkohlebehälter
4 Absperrventil
5 Luftfilter
6 Tankdrucksensor
7 Kraftstoffbehälter

8 Tankleckdiagnose mit Überdruckverfahren

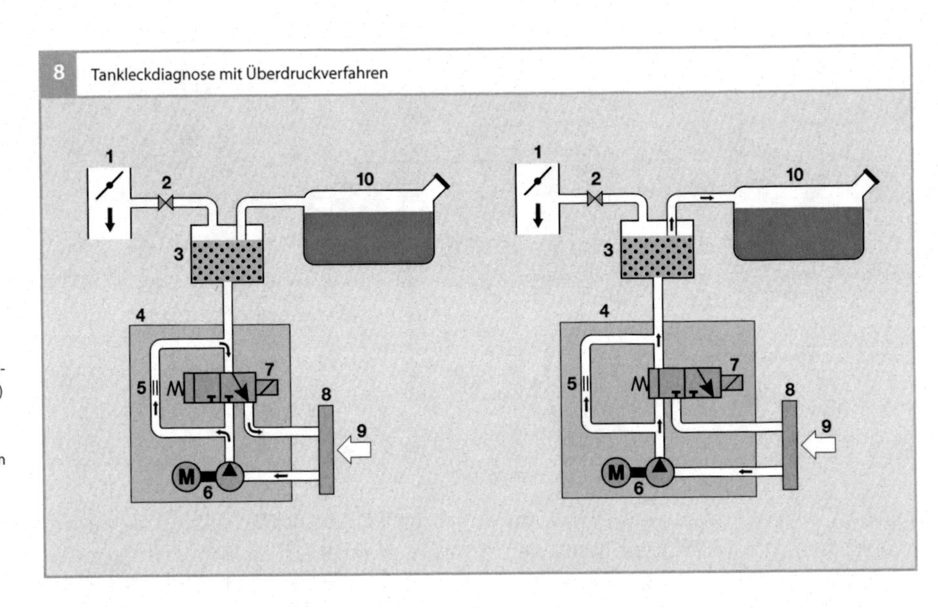

Bild 8
a Referenzleck-Strommessung
b Fein- und Grobleckprüfung

1 Saugrohr mit Drosselklappe
2 Tankentlüftungsventil (Regenerierventil)
3 Aktivkohlebehälter
4 Diagnosemodul
5 Referenzleck 0,5 mm
6 Flügelzellenpumpe
7 Umschaltventil
8 Luftfilter
9 Frischluft
10 Kraftstoffbehälter

che für den zu niedrigen Druck ist ein undichtes Tankentlüftungsventil, sodass durch den Unterdruck im Saugrohr Dampf aus dem Tanksystem gesaugt wird. Liegt der gemessene Druck oberhalb des vorgeschriebenen Bereichs, so verdampft zu viel Kraftstoff (z. B. wegen zu hoher Umgebungstemperatur), um eine Diagnose durchführen zu können. Ist der durch die Ausgasung entstehende Druck im erlaubten Bereich, so wird dieser Druckanstieg als Kompensationsgradient für die Feinleckdiagnose gespeichert. Erst nach der Prüfung von Absperr- und Tankentlüftungsventil kann die Tankleckdiagnose fortgesetzt werden.

Zunächst wird eine Grobleckerkennung durchgeführt. Im Leerlauf des Motors wird das Tankentlüftungsventil (Bild 7, Pos. 2) geöffnet, wobei sich der Unterdruck des Saugrohrs (1) im Tanksystem „fortsetzt". Nimmt der Tankdrucksensor (6) eine zu geringe Druckänderung auf, da Luft durch ein Leck wieder nachströmt und so den induzierten Druckabfall wieder ausgleicht, wird ein Fehler durch ein Grobleck erkannt und die Diagnose abgebrochen.

Die Feinleckdiagnose kann beginnen, sobald kein Grobleck erkannt wurde. Hierzu wird das Tankentlüftungsventil (2) wieder geschlossen. Der Druck sollte anschließend nur um die zuvor gespeicherte Ausgasung (Kompensationsgradient) ansteigen, da das Absperrventil (4) immer noch geschlossen ist. Steigt der Druck jedoch stärker an, so muss ein Feinleck vorhanden sein, durch welches Luft einströmen kann.

Überdruckverfahren

Bei erfüllten Diagnose-Einschaltbedingungen und nach abgeschalteter Zündung wird im Steuergerätenachlauf das Überdruckverfahren gestartet. Bei der Referenzleck-Strommessung pumpt die im Diagnosemodul (Bild 8a, Pos. 4) integrierte elektrisch angetriebene Flügelzellenpumpe (6) Luft durch ein „Referenzleck" (5) von 0,5 mm Durchmesser. Durch den an dieser Verengung entstehenden Staudruck steigt die Belastung der Pumpe, was zu einer Drehzahlverminderung und einer Stromerhöhung führt. Der sich bei dieser Referenzmessung einstellende Strom (Bild 9) wird gemessen und gespeichert.

Anschließend (Bild 8b) pumpt die Pumpe nach Umschalten des Magnetventils (7) Luft in den Kraftstoffbehälter. Ist der Tank dicht, so baut sich ein Druck und somit ein Pumpenstrom auf (Bild 9), der über dem Referenzstrom liegt (3). Im Fall eines Feinlecks erreicht der Pumpstrom den Referenzstrom, dieser wird allerdings nicht überschritten (2). Wird der Referenzstrom auch nach längerem Pumpen nicht erreicht, so liegt ein Grobleck vor (1).

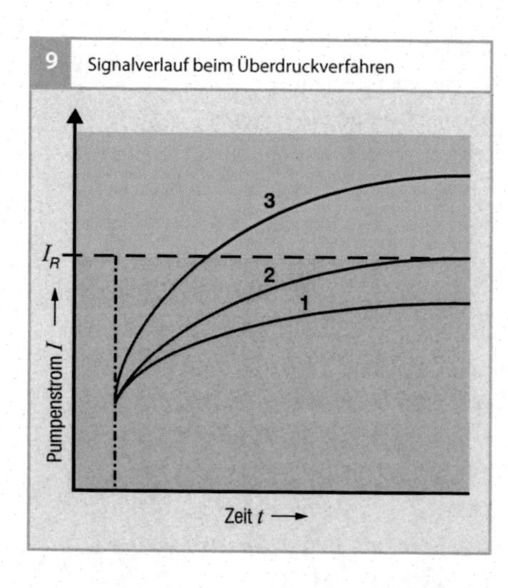

Bild 9
I_R Referenzstrom
1 Stromverlauf bei einem Leck über 0,5 mm Durchmesser
2 Stromverlauf bei einem Leck mit 0,5 mm Durchmesser
3 Stromverlauf bei dichtem Tank

Diagnose des Sekundärluftsystems

Der Betrieb des Motors mit einem fetten Gemisch (bei $\lambda < 1$) – wie es z. B. bei niedrigen Temperaturen notwendig sein kann – führt zu hohen Kohlenwasserstoff- und Kohlenmonoxidkonzentrationen im Abgas. Diese Schadstoffe müssen im Abgastrakt nachoxidiert, d. h. nachverbrannt werden. Direkt nach den Auslassventilen befindet sich deshalb bei vielen Fahrzeugen eine Sekundärlufteinblasung, die den für die katalytische Nachverbrennung notwendigen Sauerstoff in das Abgas einbläst (Bild 10).

Bei Ausfall dieses Systems steigen die Abgasemissionen beim Kaltstart oder bei einem kalten Katalysator an. Deshalb ist eine Diagnose notwendig. Die Diagnose der Sekundärlufteinblasung ist eine funktionale Prüfung, bei der getestet wird, ob die Pumpe einwandfrei läuft oder ob Störungen in der Zuleitung zum Abgastrakt vorliegen. Neben der funktionalen Prüfung ist für den CARB-Markt die Erkennung einer reduzierten Einleitung von Sekundärluft (Flow-Check), die zu einem Überschreiten des OBD-Grenzwerts führt, erforderlich.

Die Sekundärluft wird direkt nach dem Motorstart und während der Katalysatoraufheizung eingeblasen. Die eingeblasene Sekundärluftmasse wird aus den Messwerten der λ-Sonde berechnet und mit einem Referenzwert verglichen. Weicht die berechnete

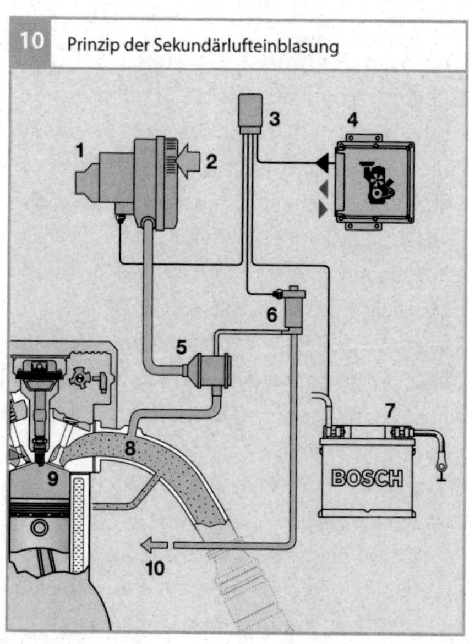

Bild 10
1 Sekundärluftpumpe
2 angesaugte Luft
3 Relais
4 Motorsteuergerät
5 Sekundärluftventil
6 Steuerventil
7 Batterie
8 Einleitstelle ins Abgasrohr
9 Auslassventil
10 zum Saugrohranschluss

Sekundärluftmasse vom Referenzwert ab, wird damit ein Fehler erkannt.

Für den CARB-Markt ist es aus gesetzlichen Gründen notwendig, die Diagnose während der regulären Sekundärluftzuschaltung durchzuführen. Da die Betriebsbereitschaft der λ-Sonde fahrzeugspezifisch zu unterschiedlichen Zeiten nach dem Motorstart erreicht wird, kann es sein, dass die Diagnoseablaufhäufigkeit (IUMPR) mit dem beschriebenen Diagnoseverfahren nicht erreicht wird und ein anderes Diagnoseverfahren verwendet werden muss. Das alternativ zum Einsatz kommende Verfahren beruht auf einem druckbasierten Ansatz. Das Verfahren benötigt einen Sekundärluft-Drucksensor, der direkt im Sekundärluftventil oder in der Rohrverbindung zwischen Sekundärluftpumpe und Sekundärluftventil verbaut ist. Gegenüber dem bisherigen direkten λ-Sonden-basierten Verfahren basiert das Diagnoseprinzip auf einer indirekten quantitativen Bestimmung des Sekundärluftmassenstroms aus dem Druck vor dem Sekundärluftventil.

Diagnose des Kraftstoffsystems

Fehler im Kraftstoffsystem (z. B. defektes Kraftstoffventil, Loch im Saugrohr) können eine optimale Gemischbildung verhindern. Deshalb wird eine Überwachung dieses Systems durch die OBD verlangt. Dazu werden u. a. die angesaugte Luftmasse (aus dem Signal des Luftmassenmessers), die Drosselklappenstellung, das Luft-Kraftstoff-Verhältnis (aus dem Signal der λ-Sonde vor dem Katalysator) sowie Informationen zum Betriebszustand im Steuergerät verarbeitet, und dann gemessene Werte mit den Modellrechnungen verglichen.

Ab Modelljahr 2011 wird zudem die Überwachung von Fehlern (z. B. Injektorfehler) gefordert, die zylinderindividuelle Gemischunterschiede hervorrufen. Das Diagnoseprinzip basiert auf einer Auswertung des Drehzahlsignals (Laufunruhesignals) und nutzt die Abhängigkeit der Laufunruhe vom Luftverhältnis aus. Zum Zweck der Diagnose wird sukzessive jeweils ein Zylinder abgemagert, während die verbleibenden Zylinder angefettet werden, so dass ein stöchiometrisches Luft-Kraftstoff-Verhältnis erhalten bleibt. Die Diagnose verarbeitet dabei die erforderlichen Änderung der Kraftstoffmenge, um eine applizierte Laufunruhedifferenz zu erreichen. Diese Änderung ist ein Maß für die Vertrimmung eines Zylinders hinsichtlich des Luft-Kraftstoff-Verhältnisses.

Diagnose der λ-Sonden

Das λ-Sonden-System besteht in der Regel aus zwei Sonden (eine vor und eine hinter dem Katalysator) und dem λ-Regelkreis. Vor dem Katalysator befindet sich meist eine Breitband-λ-Sonde, die kontinuierlich den λ-Wert, d. h. das Luftverhältnis über den gesamten Bereich von fett nach mager, misst und als Spannungsverlauf ausgibt (Bild 11a). In Abhängigkeit von den Marktanforderungen kann auch eine Zweipunkt-λ-Sonde (Sprungsonde) vor dem Katalysator verwendet werden. Diese zeigt durch einen Spannungssprung (Bild 11b) an, ob ein mageres ($\lambda > 1$) oder ein fettes Gemisch ($\lambda < 1$) vorliegt.

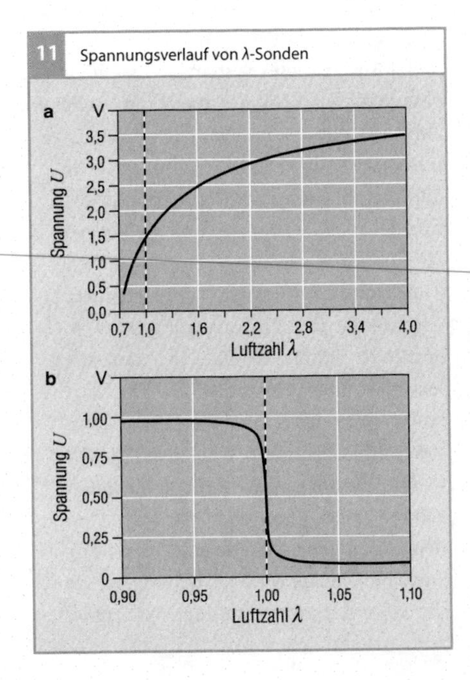

Bild 11
a Breitband-λ-Sonde
b Zweipunkt-λ-Sonde (Sprungsonde)

Bei heutigen Konzepten ist eine sekundäre λ-Sonde – meist eine Zweipunkt-Sonde – hinter dem Vor- oder dem Hauptkatalysator angebracht, die zum einen der Nachregelung der primären λ-Sonde dient, zum anderen für die OBD genutzt wird. Die λ-Sonden kontrollieren nicht nur das Luft-Kraftstoff-Gemisch im Abgas für die Motorsteuerung, sondern prüfen auch die Funktionsfähigkeit des Katalysators.

Mögliche Fehler der Sonden sind Unterbrechungen oder Kurzschlüsse im Stromkreis, Alterung der Sonde (thermisch, durch Vergiftung) – führt zu einer verringerten Dynamik des Sondensignals – oder verfälschte Werte durch eine kalte Sonde, wenn Betriebstemperatur nicht erreicht ist.

Primäre λ-Sonde
Die Sonde vor dem Katalysator wird als primäre λ-Sonde oder Upstream-Sonde bezeichnet. Sie wird bezüglich Plausibilität (von Innenwiderstand, Ausgangsspannung – das eigentliche Signal – und anderen Parametern) sowie Dynamik geprüft. Bezüglich der Dynamik wird die symmetrische und die asymmetrische Signalanstiegsgeschwindigkeit (Transition Time) und die Totzeit (Delay) jeweils beim Wechsel von „fett" zu „mager" und von „mager" zu „fett" (sechs Fehlerfälle, Six Patterns – gemäß CARB-OBD-II-Gesetzgebung) sowie die Periodendauer geprüft. Besitzt die Sonde eine Heizung, so muss auch diese in ihrer Funktion überprüft werden. Die Prüfungen erfolgen während der Fahrt bei relativ konstanten Betriebsbedingungen. Die Breitband-λ-Sonde benötigt andere Diagnoseverfahren als die Zweipunkt-λ-Sonde, da für sie auch von $\lambda = 1$ abweichende Vorgaben möglich sind.

Sekundäre λ-Sonde
Eine sekundäre λ-Sonde oder Downstream-Sonde ist u. a. für die Kontrolle des Katalysators zuständig. Sie überprüft die Konvertierung des Katalysators und gibt damit die für die Diagnose des Katalysators wichtigsten Werte ab. Man kann durch ihre Signale auch die Werte der primären λ-Sonde überprüfen. Darüber hinaus kann durch die sekundäre λ-Sonde die Langzeitstabilität der Emissionen sichergestellt werden. Mit Ausnahme der Periodendauer werden alle für die primären λ-Sonden genannten Eigenschaften und Parameter auch bei den sekundären λ-Sonden geprüft. Für die Erkennung von Dynamikfehlern ist die Diagnose der Signalanstiegsgeschwindigkeit und der Totzeit erforderlich.

Diagnose des Abgasrückführungssystems

Die Abgasrückführung (AGR) ist ein wirksames Mittel zur Absenkung der Stickoxidemission im Magerbetrieb. Durch Zumischen von Abgas zum Luft-Kraftstoff-Gemisch wird die Verbrennungs-Spitzentemperatur gesenkt und damit die Bildung von Stickoxiden reduziert. Die Funktionsfähigkeit des Abgasrückführungssystems muss deshalb überwacht werden. Hierzu kommen zwei alternative Verfahren zum Einsatz.

Zur Diagnose des AGR-Systems wird ein Vergleich zweier Bestimmungsmethoden für den AGR-Massenstrom herangezogen. Bei Methode 1 wird aus der Differenz zwischen zufließendem Frischluftmassenstrom über die Drosselklappe (gemessen über den Heißfilm-Luftmassenmesser) und dem abfließenden Massenstrom in die Zylinder (berechnet mit dem Saugrohrmodell und dem Signale des Saugrohrdrucksensors) der AGR-Massenstrom bestimmt. Bei Methode 2 wird über das Druckverhältnis und die Lagerückmeldung des AGR-Ventils der AGR-Massenstrom berechnet. Die Ergebnisse aus Methode 1 und Methode 2 werden kontinuierlich verglichen und ein Adaptionsfaktor gebildet. Der Adaptionsfaktor wird auf eine Über- oder Unterschreitung eines Bereichs überwacht und schließlich wird das Diagnoseergebnis gebildet.

Eine weitere Diagnose des AGR-Systems ist die Schubdiagnose, wobei im Schubbetrieb das AGR-Ventil gezielt geöffnet und der sich einstellende Saugrohrdruck beobachtet wird. Mit einem modellierten AGR-Massenstrom wird ein modellierter Saugrohrdruck ermittelt und dieser mit dem gemessenen Saugrohrdruck verglichen. Über diesen Vergleich kann das AGR-System bewertet werden.

Diagnose der Kurbelgehäuseentlüftung

Das so genannte „Blow-by-Gas", welches durch Leckageströme zwischen Kolben, Kolbenringen und Zylinder in das Kurbelgehäuse einströmt, muss aus dem Kurbelgehäuse abgeführt werden. Dies ist die Aufgabe der Kurbelgehäuseentlüftung (PCV, Positive Crankcase Ventilation). Die mit Abgasen angereicherte Luft wird in einem Zyklonabscheider von Ruß gereinigt und über ein PCV-Ventil in das Saugrohr geleitet, sodass die Kohlenwasserstoffe wieder der Verbrennung zugeführt werden. Die Diagnose muss Fehler infolge von Schlauchabfall zwischen dem Kurbelgehäuse und dem PCV-Ventil oder zwischen dem PCV-Ventil und dem Saugrohr erkennen.

Ein mögliches Diagnoseprinzip beruht auf der Messung der Leerlaufdrehzahl, die bei Öffnung des PCV-Ventils ein bestimmtes Verhalten zeigen sollte, das mit einem Modell gerechnet wird. Bei einer zu großen Abweichung der beobachteten Leerlaufdrehzahländerung vom modellierten Verhalten wird auf ein Leck geschlossen. Auf Antrag bei der Behörde kann auf eine Diagnose verzichtet werden, wenn der Nachweis erbracht wird, dass ein Schlauchabfall durch geeignete konstruktive Maßnahmen ausgeschlossen werden kann.

Diagnose des Motorkühlungssystems

Das Motorkühlsystem besteht aus einem kleinen und einem großen Kreislauf, die durch ein Thermostatventil verbunden sind. Der kleine Kreislauf wird in der Startphase zur schnellen Aufheizung des Motors verwendet und durch Schließen des Thermostatventils geschaltet. Bei einem defekten oder offen festsitzenden Thermostaten wird der Kühlmitteltemperaturanstieg verzögert – besonders bei niedrigen Umgebungstemperaturen – und führt zu erhöhten Emissionen. Die Thermostatüberwachung soll daher eine Verzögerung in der Aufwärmung der Motorkühlflüssigkeit detektieren. Dazu wird zuerst der Temperatursensor des Systems und darauf basierend das Thermostatventil getestet.

Diagnose zur Überwachung der Aufheizmaßnahmen

Um eine hohe Konvertierungsrate zu erreichen, benötigt der Katalysator eine Betriebstemperatur von 400...800 °C. Noch höhere Temperaturen können allerdings seine Beschichtung zerstören. Ein Katalysator mit optimaler Betriebstemperatur reduziert die Motorabgasemissionen um mehr als 99 %. Bei niedrigeren Temperaturen sinkt der Wirkungsgrad, sodass ein kalter Katalysator fast keine Konvertierung zeigt. Zur Einhaltung der Abgasemissionsvorschriften ist darum eine schnelle Aufwärmung des Katalysators mittels einer speziellen Katalysatorheizstrategie notwendig. Bei einer Katalysatortemperatur von 200...250 °C (Light-Off-Temperatur, ungefähr 50 % Konvertierungsgrad) wird diese Aufwärmphase beendet. Der Katalysator wird jetzt durch die exothermen Konvertierungsreaktionen von selbst aufgeheizt.

Beim Start des Motors kann der Katalysator durch zwei Vorgänge schneller aufgeheizt werden: Durch eine spätere Zündung des Kraftstoffgemischs wird ein heißeres Abgas erzeugt. Außerdem heizt sich durch die katalytischen Reaktionen des unvollständig verbrannten Kraftstoffs im Abgaskrümmer oder im Katalysator dieser selbst auf. Weitere unterstützende Maßnahmen sind z. B. die Erhöhung der Leerlauf-Drehzahl oder ein veränderter Nockenwellenwinkel. Diese Aufheizung hat zur Folge, dass der Katalysator schneller seine Betriebstemperatur erreicht und die Abgasemissionen früher absinken.

Das Gesetz (CARB OBD II) verlangt für einen einwandfreien Ablauf der Konvertierung eine Überwachung der Aufheizphase. Die Aufheizung kann durch eine Überwachung und Auswertung von Aufwärmparametern wie z. B. Zündwinkel, Drehzahl oder Frischluftmasse kontrolliert werden. Weiterhin werden die für die Aufheizmaßnahmen wichtigen Komponenten gezielt in dieser Zeit überwacht (z. B. die Nockenwellen-Position).

Diagnose des variablen Ventiltriebs

Zur Senkung des Kraftstoffverbrauchs und der Abgasemissionen wird teilweise der variable Ventiltrieb eingesetzt. Der Ventiltrieb ist bezüglich Systemfehler zu überwachen. Hierzu wird die Position der Nockenwelle anhand des Phasengebers gemessen und ein Soll-Ist-Vergleich durchgeführt. Für den CARB-Markt ist die Erkennung eines verzögerten Einregelns des Stellglieds auf den Sollwert („Slow Response") sowie die Überwachung auf eine bleiben Abweichung vom Sollwert („Target Error") vorgeschrieben. Zusätzlich sind alle elektrischen Komponenten (z. B. der Phasengeber) gemäß der Anforderungen an Comprehensive Components zu diagnostizieren.

Comprehensive Components: Diagnose von Sensoren

Neben den zuvor aufgeführten spezifischen Diagnosen, die in der kalifornischen Gesetzgebung explizit gefordert und in eigenen Abschnitten separat beschrieben werden, müssen auch sämtliche Sensoren und Aktoren (wie z. B. die Drosselklappe oder die Hochdruckpumpe) überwacht werden, wenn ein Fehler dieser Bauteile entweder Einfluss auf die Emissionen hat oder aber andere Diagnosen negativ beeinflusst. Sensoren müssen überwacht werden auf:

- elektrische Fehler, d. h. Kurzschlüsse und Leitungsunterbrechungen (Signal Range Check),
- Bereichsfehler (Out of Range Check), d. h. Über- oder Unterschreitung der vom physikalischem Messbereich des Sensors festgelegten Spannungsgrenzen,
- Plausibilitätsfehler (Rationality Check); dies sind Fehler, die in der Komponente selbst liegen (z. B. Drift) oder z. B. durch Nebenschlüsse hervorgerufen werden können. Zur Überwachung werden die Sensorsignale entweder mit einem Modell oder direkt mit anderen Sensoren plausibilisiert.

Elektrische Fehler

Der Gesetzgeber versteht unter elektrischen Fehlern Kurzschluss nach Masse, Kurzschluss gegen Versorgungsspannung oder Leitungsunterbrechung.

Überprüfung auf Bereichsfehler

Üblicherweise haben Sensoren eine festgelegte Ausgangskennlinie, oft mit einer unteren und oberen Begrenzung; d. h. der physikalische Messbereich des Sensors wird auf eine Ausgangsspannung, z. B. im Bereich von 0,5...4,5 V, abgebildet. Ist die vom Sensor abgegebene Ausgangsspannung außerhalb dieses Bereichs, so liegt ein Bereichsfehler vor.

Das heißt, die Grenzen für diese Prüfung („Range Check") sind für jeden Sensor spezifische, feste Grenzen, die nicht vom aktuellen Betriebszustand des Motors abhängen. Sind bei einem Sensor elektrische Fehler von Bereichsfehlern nicht unterscheidbar, so wird dies vom Gesetzgeber akzeptiert.

Plausibilitätsfehler

Als Erweiterung im Sinne einer erhöhten Sensibilität der Sensor-Diagnose fordert der Gesetzgeber über den Bereichsfehler hinaus die Durchführung von Plausibilitätsprüfungen (sogenannte „Rationality Checks"). Kennzeichen einer solchen Plausibilitätsprüfung ist, dass die momentane Ausgangsspannung des Sensors nicht – wie bei der Bereichsprüfung – mit festen Grenzen verglichen wird, sondern mit Grenzen, die aufgrund des momentanen Betriebszustands des Motors eingeengt sind. Dies bedeutet, dass für diese Prüfung aktuelle Informationen aus der Motorsteuerung herangezogen werden müssen. Solche Prüfungen können z. B. durch Vergleich der Sensorausgangsspannung mit einem Modell oder aber durch Quervergleich mit einem anderen Sensor realisiert sein. Das Modell gibt dabei für jeden Betriebszustand des Motors einen bestimmten Erwartungsbereich für die modellierte Größe an.

Um bei Vorliegen eines Fehlers die Reparatur so zielführend und einfach wie möglich zu gestalten, soll zunächst die schadhafte Komponente so eindeutig wie möglich identifiziert werden. Darüber hinaus sollen die genannten Fehlerarten untereinander und – bei Bereichs- und Plausibilitätsprüfung – auch nach Überschreitungen der unteren bzw. oberen Grenze getrennt unterschieden werden. Bei elektrischen Fehlern oder Bereichsfehlern kann meist auf ein Verkabelungsproblem geschlossen werden, während das Vorliegen eines Plausibilitätsfehlers eher auf einen Fehler der Komponente selbst deutet.

Während die Prüfung auf elektrische Fehler und Bereichsfehler kontinuierlich erfolgen muss, müssen die Plausibilitätsfehler mit einer bestimmten Mindesthäufigkeit im Alltag ablaufen. Zu den solchermaßen zu überwachenden Sensoren gehören:

- der Luftmassenmesser,
- diverse Drucksensoren (Saugrohrdruck, Umgebungsdruck, Tankdruck),
- der Drehzahlsensor für die Kurbelwelle,
- der Phasensensor,
- der Ansauglufttemperatursensor,
- der Abgastemperatursensor.

Diagnose des Heißfilm-Luftmassenmessers

Nachfolgend wird am Beispiel des Heißfilm-Luftmassenmessers (HFM) die Diagnose beschrieben. Der Heißfilm-Luftmassenmesser, der zur Erfassung der vom Motor angesaugten Luft und damit zur Berechnung der einzuspritzenden Kraftstoffmenge dient, misst die angesaugte Luftmasse und gibt diese als Ausgangsspannung an die Motorsteuerung weiter. Die Luftmassen verändern sich durch unterschiedliche Drosseleinstellung oder Motordrehzahl. Die Diagnose überwacht nun, ob die Ausgangsspannung des Sensors bestimmte (applizierbare, feste) untere oder obere Grenzen überschreitet und gibt in diesem Fall einen Bereichsfehler aus. Durch Vergleich des aktuellen Werts der vom Heißfilm-Luftmassenmesser angegebenen Luftmasse mit der Stellung der Drosselklappe kann – abhängig vom aktuellen Betriebszustand des Motors – auf einen Plausibilitätsfehler geschlossen werden, wenn der Unterschied der beiden Signale größer als eine bestimmte Toleranz ist. Ist beispielweise die Drosselklappe ganz geöffnet, aber der Heißfilm-Luftmassenmesser zeigt die bei Leerlauf angesaugte Luftmasse an, so ist dies ein Plausibilitätsfehler.

Comprehensive Components: Diagnose von Aktoren

Aktoren müssen auf elektrische Fehler und – falls technisch machbar – funktional überwacht werden. Funktionale Überwachung bedeutet hier, dass die Umsetzung eines gegebenen Stellbefehls (Sollwert) überwacht wird, indem die Systemreaktion (der Istwert) in geeigneter Weise durch Informationen aus dem System überprüft wird, z. B. durch einen Lagesensor. Das heißt, es werden – vergleichbar mit der Plausibilitätsdiagnose bei Sensoren – weitere Informationen aus dem System zur Beurteilung herangezogen.
Zu den Aktoren gehören u. a.:

- sämtliche Endstufen,
- die elektrisch angesteuerte Drosselklappe,
- das Tankentlüftungsventil,
- das Aktivkohleabsperrventil.

Diagnose der elektrisch angesteuerten Drosselklappe

Für die Diagnose der Drosselklappe wird geprüft, ob eine Abweichung zwischen dem zu setzenden und dem tatsächlichen Winkel besteht. Ist diese Abweichung zu groß, wird ein Drosselklappenantriebsfehler festgestellt.

Diagnose in der Werkstatt

Aufgabe der Diagnose in der Werkstatt ist die schnelle und sichere Lokalisierung der kleinsten austauschbaren Einheit. Bei den heutigen modernen Motoren ist dabei der Einsatz eines im allgemeinen PC-basierten Diagnosetesters in der Werkstatt unumgänglich. Generell nutzt die Werkstatt-Diagnose hierbei die Ergebnisse der Diagnose im Fahrbetrieb (Fehlerspeichereinträge der On-Board-Diagnose). Da jedoch nicht jedes spürbare Symptom am Fahrzeug zu einem Fehlerspeichereintrag führt und nicht alle Fehlerspeichereintrage eindeutig auf eine ursächliche Komponente zeigen, werden weitere spezielle Werkstattdiagnosemodule und zusätzliche Prüf- und Messgeräte in der Werkstatt eingesetzt. Werkstattdiagnosefunktionen werden durch den Werkstatttester gestartet und unterscheiden sich hinsichtlich ihrer Komplexität, Diagnosetiefe und Eindeutigkeit. In aufsteigender Reihenfolge sind dies:

- Ist-Werte-Auslesen und Interpretation durch den Werkstattmitarbeiter,
- Aktoren-Stellen und subjektive Bewertung der jeweiligen Auswirkung durch den Werkstattmitarbeiter,
- automatisierte Komponententests mit Auswertung durch das Steuergerät oder den Diagnosetester,
- komplexe Subsystemtests mit Auswertung durch das Steuergerät oder den Diagnosetester.

Beispiele für diese Komponenten- und Subsystemtests werden im Folgenden beschrieben. Alle für ein Fahrzeugprojekt vorhandenen Diagnosemodule werden im Diagnosetester in eine geführte Fehlersuche integriert.

Geführte Fehlersuche

Wesentliches Element der Werkstattdiagnose ist die geführte Fehlersuche. Der Werkstattmitarbeiter wird ausgehend vom Symptom (fehlerhaftes Fahrzeugverhalten, welches vom Fahrer wahrgenommen wird) oder vom Fehlerspeichereintrag mit Hilfe eines ergebnisgesteuerten Ablaufs durch die Fehlerdiagnose geführt. Die geführte Fehlersuche verknüpft hierbei alle vorhandenen Diagnosemöglichkeiten zu einem zielgerichteten Fehlersuchablauf. Hierzu gehören Symptombeschreibungen des Fahrzeughalters, Fehlerspeichereinträge der On-Board-Diagnose, Werkstattdiagnosemodule im Steuergerät und im Diagnosetester sowie externe Prüfgeräte und Zusatzsensorik. Alle Werkstattdiagnosemodule können nur bei verbundenem Diagnosetester und im Allgemeinen nur bei stehendem Fahrzeug genutzt werden. Die Überwachung der Betriebsbedingungen erfolgt im Steuergerät.

Auslesen und Löschen der Fehlerspeichereinträge

Alle während des Fahrbetriebs auftretenden Fehler werden gemeinsam mit vorab definierten und zum Zeitpunkt des Auftretens herrschenden Umgebungsbedingungen im Steuergerät gespeichert. Diese Fehlerspeicherinformationen können über eine Diagnosesteckdose (gut zugänglich vom Fahrersitz aus erreichbar) von frei verkäuflichen Scan-Tools oder Diagnosetestern ausgelesen und gelöscht werden. Die Diagnosesteckdose und die auslesbaren Parameter sind standardisiert. Es existieren aber unterschiedliche Übertragungsprotokolle (SAE J1850 VPM und PWM, ISO 1941-2, ISO 14230-4) die jedoch durch unterschiedliche Pinbelegung im Diagnosestecker (siehe Bild 12) codiert sind. Seit 2008 ist nach der CARB-Gesetzgebung und ab 2014 nach der EU-Gesetzgebung nur noch die Diagnose über CAN (ISO-15765) erlaubt.

Neben dem Auslesen und Löschen des Fehlerspeichers existieren weitere Betriebsarten in der Kommunikation zwischen Diagnosetester und Steuergerät, die in Tabelle 2 aufgezählt werden.

12 Pinbelegung eines vorgeschriebenen 16-poligen Diagnosesteckers

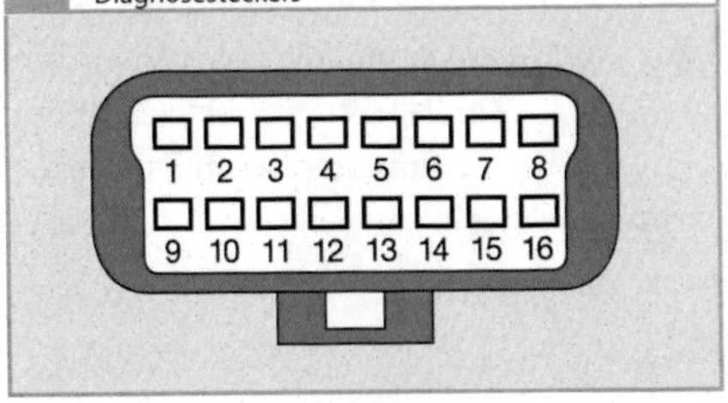

1 2 3 4 5 6 7 8
9 10 11 12 13 14 15 16

Bild 12
2, 10 Datenübertragung nach SAE J 1850,
7, 15 Datenübertragung nach DIN ISO 9141-2 oder 14 230-4,
4 Fahrzeugmasse,
5 Signalmasse,
6 CAN-High-Leitung,
14 CAN-Low-Leitung,
14 Batterie-Plus,
1, 3, 8, 9, 11, 12, 13 nicht von OBD belegt

Werkstattdiagnosemodule

Im Steuergerät integrierte Diagnosemodule laufen nach dem Start durch den Diagnosetester autark im Steuergerät ab und melden nach Beendigung das Ergebnis an den Diagnosetester zurück. Gemeinsam für alle Module ist, dass sie das zu diagnostizierende Fahrzeug in der Werkstatt in vorbestimmte lastlose Betriebspunkte versetzen, verschiedenen Aktorenanregungen aufprägen und Ergebnisse von Sensoren eigenständig mit einer vorgegebenen Auswertelogik auswerten können. Ein Beispiel für einen Subsystemtest ist der BDE-Systemtest (Benzin-Direkt-Einspritzung). Als Komponententests werden im Folgenden der Kompressionstest, die Separierung zwischen Gemisch und λ-Sonden-Fehlern sowie von Zündungs- und Mengenfehlern vorgestellt.

BDE-Systemtest

Der BDE-Systemtest dient der Überprüfung des gesamten Kraftstoffsystems bei Motoren mit Benzin-Direkt-Einspritzung und wird bei den Symptomen „Motorkontrollleuchte an“, „verminderte Leistung“ und „unrunder Motorlauf“ angewendet. Erkennbare Fehler

Service-Nummer	Funktion
$01	Auslesen der aktuellen Istwerte des Systems (z. B. Messwerte der Drehzahl und der Temperatur)
$02	Auslesen der Umweltbedingungen (Freeze Frame), die während des Auftretens des Fehlers vorgeherrscht haben
$03	Fehlerspeicher auslesen. Es werden die abgasrelevanten und bestätigten Fehlercodes ausgelesen
$04	Löschen des Fehlercodes im Fehlerspeicher und Zurücksetzen der begleitenden Information
$05	Anzeigen von Messwerten und Schwellen der λ-Sonden
$06	Anzeigen von Messwerten von nicht kontinuierlich überwachten Systemen (z. B. Katalysator)
$07	Fehlerspeicher auslesen. Hier werden die noch nicht bestätigten Fehlercodes ausgelesen
$08	Testfunktionen anstoßen (fahrzeughersteller-spezifisch)
$09	Auslesen von Fahrzeuginformationen
$0A	Auslesen von permanent gespeicherten Fehlerspeichereinträgen

Tabelle 2
Betriebsarten des Diagnosetesters (CARB-Umfang).
Service $05 gemäß SAE J1979 ist bei Fahrzeugen mit CAN-Protokoll nicht verfügbar: der Ausgabeumfang von Service $05 ist bei Fahrzeugen mit CAN-Protokoll z. T. im Service $06 enthalten.

im Niederdrucksystem sind Leckagen und defekte Kraftstoffpumpen. Im Hochdrucksystem werden Defekte an der Hochdruckpumpe, am Injektor und am Hochdrucksensor erkannt. Zur Bestimmung der defekten Komponente werden während des Tests bestimmte Merkmale extrahiert und die Über- oder Unterschreitung von Sollwerten in eine Matrix eingetragen. Der Mustervergleich mit bekannten Fehlern führt dann zur eindeutigen Identifizierung. Verschiedene auszuwertende Merkmale sind in Bild 13 gezeigt. Der Test bietet die Vorteile, dass ohne Öffnen des Kraftstoffsystems und ohne zusätzliche Messtechnik in sehr kurzer Zeit Ergebnisse vorliegen. Da der Vergleich der Merkmale in der Matrix im Tester durchgeführt wird, können Anpassungen im Fahrzeug-Projekt auch nach Serieneinführungen erfolgen.

Kompressionstest

Der Kompressionstest wird zur Beurteilung der Kompression einzelner Zylinder bei den Symptomen „Leistungsmangel" und „unrunder Motorlauf im Leerlauf" angewendet. Der Test erkennt eine reduzierte Kompression durch mechanische Defekte am Zylinder, wie z. B. undichte Kompressionsringe. Das physikalische Wirkprinzip ist ein relativer Vergleich der Zahnzeiten (Intervall von 6° des Kurbelwellengeberrades) der einzelnen Zylinder vor und nach dem oberen Totpunkt (OT). Während des Tests wird der Motor ausschließlich durch den elektrischen Starter gedreht, um Auswirkungen durch einen eventuell unterschiedlichen Momentenbeitrag der einzelnen Zylinder durch die Verbrennung auszuschließen.

Die Vorteile dieses Tests liegen in einer sehr kurzen Messzeit ohne Adaption von externen Messmitteln. Er funktioniert jedoch nur bei Motoren mit mehr als zwei Zylindern, da sonst die Möglichkeit eines relativen Vergleichs der Zylinderdrehzahlen nicht mehr gegeben ist. Bei dem Symptom „unrunder Motorlauf, Motor schüttelt" wird der Kompressionstest oft vor spezifischen Tests des Einspritzsystems durchgeführt, um ne-

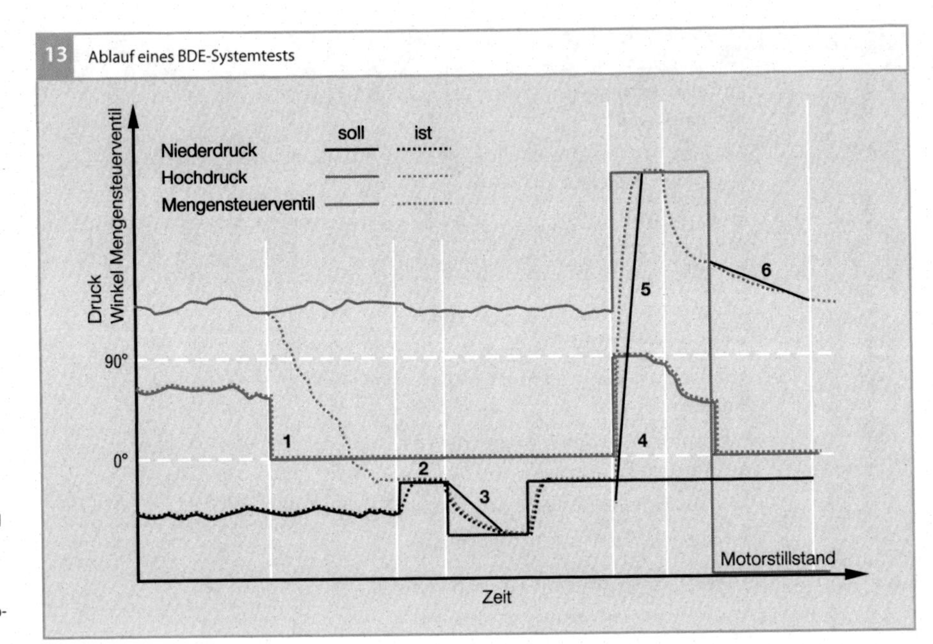

Bild 13
1 Mengensteuerventil geöffnet
2 Maximaler Niederdruck
3 Niederdruckabbaugradient
4 Mengensteuerventil im Regelmodus
5 Hochdruck-Druckaufbaugradient
6 Hochdruck-Druckabbaugradient

gative Auswirkungen durch die Motormechanik ausschließen zu können.

Separierung von Zündungs- und Mengenfehlern

Der Test „Separierung von Zündungs- und Mengenfehlern" wird zur Unterscheidung von Fehlern im Zündsystem oder bei den Einspritzventilen (Ventil klemmt, Mehr- oder Mindermenge) bei dem Symptom „Motoraussetzer" und „unrunder Motorlauf" angewendet. In einem ersten Testschritt wird bewusst die Einspritzung auf einem Zylinder unterdrückt und die Auswirkung auf das λ-Sonden-Signal bewertet. In einem zweiten Schritt wird die Einspritzmenge auf einem Zylinder in Abhängigkeit vom λ-Wert rampenförmig erhöht oder vermindert. Während des zweiten Schritts werden die Laufunruhewerte beurteilt. Durch die Kombination der Ergebnisse des λ-Sonden-Signals und der Laufunruhe kann eine eindeutige Unterscheidung zwischen Fehlern im Zündsystem und Fehlern bei den Einspritzventilen getätigt werden. In Bild 14 ist beispielhaft der zeitliche Verlauf bei einem Mehrmengenfehler an einem Einspritzventil dargestellt. Die Vorteile dieses Tests liegen in einer sehr kurzen Messzeit ohne aufwendigen Teiletausch bei Aussetzerfehlern auf einzelnen Zylindern.

Separierung von Gemisch- und λ-Sonden-Fehlern

Der Test „Separierung von Gemisch- und λ-Sonden-Fehlern" wird zur Unterscheidung von Gemischfehlern und Offset-Fehlern der λ-Sonde bei den Symptomen „Motorkontrollleuchte an" genutzt. Während des Tests wird das Luft-Kraftstoff-Gemisch zuerst in der Nähe des Luftverhältnisses $\lambda = 1$ eingestellt, danach wird das Gemisch abhängig vom Kraftstoffkorrekturfaktor leicht angefettet oder abgemagert. Durch parallele Messung der beiden λ-Sonden-Signale und gegenseitige Plausibilisierung kann zwischen Gemischfehlern und Fehlern der λ-Sonden vor dem Katalysator unterschieden werden. Die Vorteile dieses Tests liegen in einer sehr kurzen Messzeit ohne die Notwendigkeit zum Sondenausbau.

Stellglied-Diagnose

Um in den Kundendienstwerkstätten einzelne Stellglieder (Aktoren) aktivieren und deren Funktionalität prüfen zu können, ist im Steuergerät eine Stellglied-Diagnose enthalten. Über den Diagnosetester kann hiermit die Position von vordefinierten Aktoren verändert werden. Der Werkstattmitarbeiter kann dann die entsprechenden Auswirkungen akustisch (z. B. Klicken des Ventils), optisch (z. B. Bewegung einer Klappe) oder durch andere Methoden, wie die Messung von elektrischen Signalen, überprüfen.

Externe Prüfgeräte und Sensorik

Die Diagnosemöglichkeiten in der Werkstatt werden durch Nutzung von Zusatzsensorik (z. B. Strommesszange, Klemmdruckgeber) oder Prüfgeräte (z. B. Bosch-Fahrzeugsystemanalyse) erweitert. Die Geräte werden im Fehlerfall in der Werkstatt an das Fahrzeug adaptiert. Die Bewertung der Messergebnisse erfolgt im Allgemeinen über den Diagnosetester. Mit evtl. vorhandenen Multimeterfunktionen des Diagnosetesters können elektrische Ströme, Spannungen und Widerstände gemessen werden. Ein integriertes Oszilloskop erlaubt darüber hinaus, die Signalverläufe der Ansteuersignale für die Aktoren zu überprüfen. Dies ist insbesondere für Aktoren relevant, die in der Stellglied-Diagnose nicht überprüft werden.

14 Zeitlicher Ablauf des Tests „Separierung von Mengen- und Zündungsfehlern".

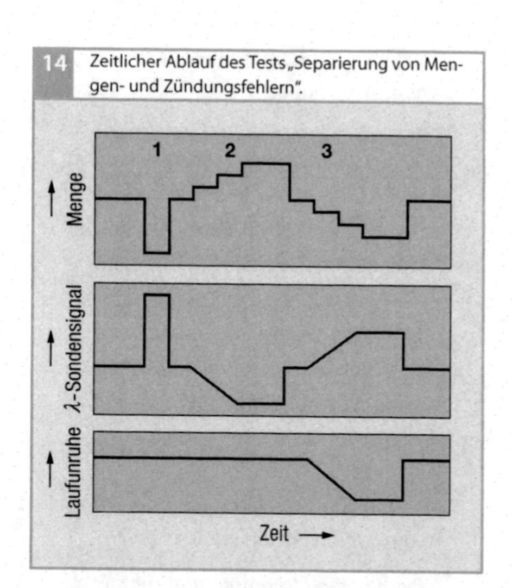

Bild 14
1 Einspritzung deaktiviert
2 positive Mengenrampe
3 negative Mengenrampe

Die Laufunruhe betrifft den systematischen Verlauf bei einer Mehrmenge.

Verständnisfragen

Die Verständnisfragen dienen dazu, den Wissensstand zu überprüfen. Die Antworten zu den Fragen finden sich in den Abschnitten, auf die sich die jeweilige Frage bezieht. Daher wird hier auf eine explizite „Musterlösung" verzichtet. Nach dem Durcharbeiten des vorliegenden Teils des Fachlehrgangs sollte man dazu in der Lage sein, alle Fragen zu beantworten. Sollte die Beantwortung der Fragen schwer fallen, so wird die Wiederholung der entsprechenden Abschnitte empfohlen.

1. Welche Betriebsdaten werden erfasst und wie werden sie verarbeitet?
2. Was ist eine Drehmomentstruktur und wie funktioniert sie?
3. Wie wird die Motorsteuerung überwacht und diagnostiziert?
4. Wie funktioniert eine Motorsteuerung mit elektrischer angesteuerter Drosselklappe?
5. Wie funktioniert eine Motorsteuerung für Benzin-Direkteinspritzung?
6. Wie funktioniert eine Motorsteuerung für Erdgas-Systeme?
7. Wie ist das Strukturbild einer Motorsteuerung aufgebaut? Welche Subsysteme gibt es und wie funktionieren sie?
8. Wie wird die Software-Architektur beschrieben und wie ist sie aufgebaut?
9. Welche Bedeutung hat AUTOSAR für die Softwarearchitektur?
10. Wie erfolgt die Steuergeräteapplikation?
11. Wofür werden Sensoren im Kraftfahrzeug eingesetzt?
12. Welche Temperatursensoren gibt es und wie funktionieren sie?
13. Welche Motordrehzahlsensoren gibt es wie funktionieren sie?
14. Wie ist ein Heißfilm-Luftmassenmesser aufgebaut und wie funktioniert er?
15. Wie sind piezoelektrische Klopfsensoren aufgebaut und wie funktionieren sie?
16. Wie sind mikromechanische Drucksensoren aufgebaut und wie funktionieren sie?
17. Welche Hochdrucksensoren gibt es, wie sind sie aufgebaut und wie funktionieren sie?
18. Wie funktioniert prinzipiell eine λ-Sonde?
19. Wie funktioniert eine Zweipunkt-λ-Sonde?
20. Wie funktioniert eine Breitband-λ-Sonde?
21. Wie funktioniert ein NO_x-Sensor?
22. Welche Anforderungen muss ein Steuergerät erfüllen?
23. Wie ist ein Steuergerät aufgebaut?
24. Wie ist der Rechnerkern eines Steuergeräts aufgebaut und wie funktioniert er?
25. Wie wird die Sensorik mit dem Steuergerät verbunden?
26. Wie erfolgt die Aktor-Ansteuerung?
27. Wie werden die Steuergeräte in Fahrzeugprojekten appliziert?
28. Wie ist die Hardware-nahe Software aufgebaut und wie funktioniert sie?
29. Wie ist ein Steuergerät mechanisch aufgebaut?
30. Was ist eine On-Board-Diagnose und wie funktioniert sie?
31. Wie funktioniert die Diagnose in der Werkstatt?

Abkürzungsverzeichnis

A

ABB	Air System Brake Booster, Bremskraftverstärkersteuerung
ABC	Air System Boost Control, Ladedrucksteuerung
ABS	Antiblockiersystem
AC	Accessory Control, Nebenaggregatesteuerung
ACA	Accessory Control Air Condition, Klimasteuerung
ACC	Adaptive Cruise Control, Adaptive Fahrgeschwindigkeitsregelung
ACE	Accessory Control Electrical Machines, Steuerung elektrische Aggregate
ACF	Accessory Control Fan Control, Lüftersteuerung
ACS	Accessory Control Steering, Ansteuerung Lenkhilfepumpe
ACT	Accessory Control Thermal Management, Thermomanagement
ADC	Air System Determination of Charge, Luftfüllungsberechnung
ADC	Analog Digital Converter, Analog-Digital-Wandler
AEC	Air System Exhaust Gas Recirculation, Abgasrückführungssteuerung
AGR	Abgasrückführung
AIC	Air System Intake Manifold Control, Saugrohrsteuerung
AKB	Aktivkohlebehälter
AKF	Aktivkohlefalle (activated carbon canister)
AKF	Aktivkohlefilter
A_K	Lichte Kolbenfläche
α	Drosselklappenwinkel
Al_2O_3	Aluminiumoxid
AMR	Anisotrop Magneto Resistive
AÖ	Auslassventil Öffnen
APE	Äußere-Pumpen-Elektrode
AS	Air System, Luftsystem
AS	Auslassventil Schließen
ASAM	Association of Standardization of Automation and Measuring, Verein zur Förderung der internationalen Standardisierung von Automatisierungs- und Messsystemen
ASIC	Application Specific Integrated Circuit, anwendungsspezifische integrierte Schaltung
ASR	Antriebsschlupfregelung
ASV	Application Supervisor, Anwendungssupervisor
ASW	Application Software, Anwendungssoftware
ATC	Air System Throttle Control, Drosselklappensteuerung
ATL	Abgasturbolader
AUTOSAR	Automotive Open System Architecture, Entwicklungspartnerschaft zur Standardisierung der Software Architektur im Fahrzeug
AVC	Air System Valve Control, Ventilsteuerung

B

BDE	Benzin Direkteinspritzung
b_e	spezifischer Kraftstoffverbrauch
BMD	Bag Mini Diluter
BSW	Basic Software, Basissoftware

C

C/H	Verhältnis Kohlenstoff zu Wasserstoff im Molekül
C_2	Sekundärkapazität
C_6H_{14}	Hexan
CAFE	Corporate Average Fuel Economy
CAN	Controller Area Network
CARB	California Air Resources Board
CCP	CAN Calibration Protocol, CAN-Kalibrierprotokoll

CDrv	Complex Driver, Treibersoftware mit exklusivem Hardware Zugriff
CE	Coordination Engine, Koordination Motorbetriebszustände und -arten
CEM	Coordination Engine Operation, Koordination Motorbetriebsarten
CES	Coordination Engine States, Koordination Motorbetriebszustände
CFD	Computational Fluid Dynamics
CFV	Critical Flow Venturi
CH_4	Methan
CIFI	Zylinderindividuelle Einspritzung, Cylinder Individual Fuel Injection
CLD	Chemilumineszenz-Detektor
CNG	Compressed Natural Gas, Erdgas
CO	Communication, Kommunikation
CO	Kohlenmonoxid
CO_2	Kohlendioxid
COP	Coil On Plug
COS	Communication Security Access, Kommunikation Wegfahrsperre
COU	Communication User Interface, Kommunikationsschnittstelle
COV	Communication Vehicle Interface, Datenbuskommunikation
cov	Variationskoeffizient
CPC	Condensation Particulate Counter
CPU	Central Processing Unit, Zentraleinheit
CTL	Coal to Liquid
CVS	Constant Volume Sampling
CVT	Continuously Variable Transmission

D

DB	Diffusionsbarriere
DC	direct current, Gleichstrom
DE	Device Encapsulation, Treibersoftware für Sensoren und Aktoren
DFV	Dampf-Flüssigkeits-Verhältnis
DI	Direct Injection, Direkteinspritzung
DMS	Differential Mobility Spectrometer
DoE	Design of Experiments, statistische Versuchsplanung
DR	Druckregler
3D	dreidimensional
DS	Diagnostic System, Diagnosesystem
DSM	Diagnostic System Manager, Diagnosesystemmanager
DV, E	Drosselvorrichtung, elektrisch

E

E0	Benzin ohne Ethanol-Beimischung
E10	Benzin mit bis zu 10 % Ethanol-Beimischung
E100	reines Ethanol mit ca. 93 % Ethanol und 7 % Wasser
E24	Benzin mit ca. 24 % Ethanol-Beimischung
E5	Benzin mit bis zu 5 % Ethanol-Beimischung
E85	Benzin mit bis zu 85 % Ethanol-Beimischung
EA	Elektrodenabstand
EAF	Exhaust System Air Fuel Control, λ-Regelung
ECE	Economic Commission for Europe
ECT	Exhaust System Control of Temperature, Abgastemperaturregelung
ECU	Electronic Control Unit, elektronisches Steuergerät

ECU Electronic Control Unit, Motorsteuergerät
eCVT electrical Continuously Variable Transmission
EDM Exhaust System Description and Modeling, Beschreibung und Modellierung Abgassystem
EEPROM Electrically Erasable Programmable Read Only Memory, löschbarer programmierbarer Nur-Lese-Speicher
E_F Funkenenergie
EFU Einschaltfunkenunterdrückung
EGAS Elektronisches Gaspedal
1D eindimensional
EKP Elektrische Kraftstoffpumpe
ELPI Electrical Low Pressure Impactor
EMV Elektromagnetische Verträglichkeit
ENM Exhaust System NO_x Main Catalyst, Regelung NO_x-Speicherkatalysator
EÖ Einlassventil Öffnen
EOBD European On Board Diagnosis – Europäische On-Board-Diagnose
EOL End of Line, Bandende
EPA US Environmental Protection Agency
EPC Electronic Pump Controller, Pumpensteuergerät
EPROM Erasable Programmable Read Only Memory, löschbarer und programmierbarer Festwertspeicher
ε Verdichtungsverhältnis
ES Exhaust System, Abgassystem
ES Einlass Schließen
ESP Elektronisches Stabilitäts-Programm
η_{th} Thermischer Wirkungsgrad
ETBE Ethyltertiärbutylether
ETF Exhaust System Three Way Front Catalyst, Regelung Drei-Wege-Vorkatalysator
ETK Emulator Tastkopf
ETM Exhaust System Main Catalyst, Regelung Drei-Wege-Hauptkatalysator
EU Europäische Union
(E)UDC (extra) Urban Driving Cycle
EV Einspritzventil
E*xy* Ethanolhaltiger Ottokraftstoff mit xy % Ethanol
EZ Elektronische Zündung
EZ Energie im Funkendurchbruch

F

FEL Fuel System Evaporative Leak Detection, Tankleckerkennung
FEM Finite Elemente Methode
FF Flexfuel
FFC Fuel System Feed Forward Control, Kraftstoff-Vorsteuerung
FFV Flexible Fuel Vehicles
FGR Fahrgeschwindigkeitsregelung
FID Flammenionisations-Detektor
FIT Fuel System Injection Timing, Einspritzausgabe
FLO Fast-Light-Off
FMA Fuel System Mixture Adaptation, Gemischadaption
FPC Fuel Purge Control, Tankentlüftung
FS Fuel System, Kraftstoffsystem
FSS Fuel Supply System, Kraftstoffversorgungssystem
FT Resultierende Kraft
FTIR Fourier-Transform-Infrarot
FTP Federal Test Procedure
FTP US Federal Test Procedure
F_z Kolbenkraft des Zylinders

G

GC Gaschromatographie
g/kWh Gramm pro Kilowattstunde
°KW Grad Kurbelwelle

H

H_2O	Wasser, Wasserdampf
HC	Hydrocabons, Kohlenwasserstoffe
HCCI	Homogeneous Charge Compression Ignition
HD	Hochdruck
HDEV	Hochdruck Einspritzventil
HDP	Hochdruckpumpe
HEV	Hybrid Electric Vehicle
HFM	Heißfilm-Luftmassenmesser
HIL	Hardware in the Loop, Hardware-Simulator
HLM	Hitzdraht-Luftmassenmesser
H_o	spezifischer Brennwert
H_u	spezifischer Heizwert
HV	high voltage
HVO	Hydro-treated-vegetable oil
HWE	Hardware Encapsulation, Hardware Kapselung

I

i_1	Primärstrom
IC	Integrated Circuit, integrierter Schaltkreis
i_F	Funken(anfangs)strom
IGC	Ignition Control, Zündungssteuerung
IKC	Ignition Knock Control, Klopfregelung
i_N	Nennstrom
IPE	Innere Pumpen Elektrode
IR	Infrarot
IS	Ignition System, Zündsystem
ISO	International Organisation for Standardization, Internationale Organisation für Normung
IUMPR	In Use Monitor Performance Ratio, Diagnosequote im Fahrzeugbetrieb
IUPR	In Use Performance Ratio
IZP	Innenzahnradpumpe

J

JC08	Japan Cycle 2008

K

κ	Polytropenexponent
Kfz	Kraftfahrzeug
kW	Kilowatt

L

λ	Luftzahl oder Luftverhältnis
L_1	Primärinduktivität
L_2	Sekundärinduktivität
LDT	Light Duty Truck, leichtes Nfz
LDV	Light Duty Vehicle, Pkw
LEV	Low Emission Vehicle
LIN	Local Interconnect Network
l_l	Schubstangenverhältnis (Verhältnis von Kurbelradius *r* zu Pleuellänge *l*)
LPG	Liquified Petroleum Gas, Flüssiggas
LPV	Low Price Vehicle
LSF	λ-Sonde flach
LSH	λ-Sonde mit Heizung
LSU	Breitband-λ-Sonde
LV	Low Voltage

M

(M)NEFZ	(modifizierter) Neuer Europäischer Fahrzyklus
M100	Reines Methanol
M15	Benzin mit Methanolgehalt von max. 15 %
MCAL	Microcontroller Abstraction Layer
M_d	Das effektive Drehmoment an der Kurbelwelle
ME	Motronic mit integriertem EGAS
Mi	Innerer Drehmoment
Mk	Kupplungsmoment
m_K	Kraftstoffmasse
m_L	Luftmasse

MMT	Methylcyclopentadienyl-Mangan-Tricarbonyl
MO	Monitoring, Überwachung
MOC	Microcontroller Monitoring, Rechnerüberwachung
MOF	Function Monitoring, Funktionsüberwachung
MOM	Monitoring Module, Überwachungsmodul
MOSFET	Metal Oxide Semiconductor Field Effect Transistor, Metall-Oxid-Halbleiter, Feldeffekttransistor
MOX	Extended Monitoring, Erweiterte Funktionsüberwachung
MOZ	Motor-Oktanzahl
MPI	Multiple Point Injection
MRAM	Magnetic Random Access Memory, magnetischer Schreib-Lese-Speicher mit wahlfreiem Zugriff
MSV	Mengensteuerventil
MTBE	Methyltertiärbutylether

N

n	Motordrehzahl
N_2	Stickstoff
N_2O	Lachgas
ND	Niederdruck
NDIR	Nicht-dispersives Infrarot
NE	Nernst-Elektrode
NEFZ	Neuer europäischer Fahrzyklus
Nfz	Nutzfahrzeug
NGI	Natural Gas Injector
NHTSA	US National Transport and Highway Safety Administration
NMHC	Kohlenwasserstoffe außer Methan
NMOG	Organische Gase außer Methan
NO	Stickstoffmonoxid
NO_2	Stickstoffdioxid
NOCE	NO_x-Gegenelektrode
NOE	NO_x-Pumpelektrode
NO_x	Sammelbegriff für Stickoxide
NSC	NO_x Storage Catalyst
NTC	Temperatursensor mit negativem Temperaturkoeffizient
NYCC	New York City Cycle
NZ	Nernstzelle

O

OBD	On-Board-Diagnose
OBV	Operating Data Battery Voltage, Batteriespannungserfassung
OD	Operating Data, Betriebsdaten
OEP	Operating Data Engine Position Management, Erfassung Drehzahl und Winkel
OMI	Misfire Detection, Aussetzererkennung
ORVR	On Board Refueling Vapor Recovery
OS	Operating System, Betriebssystem
OSC	Oxygen Storage Capacity
OT	oberer Totpunkt des Kolbens
OTM	Operating Data Temperature Measurement, Temperaturerfassung
OVS	Operating Data Vehicle Speed Control, Fahrgeschwindigkeitserfassung

P

p	Die effektiv vom Motor abgegebene Leistung
p-V-Diagram	Druck-Volumen-Diagramm, auch Arbeitsdiagramm
PC	Passenger Car, Pkw
PC	Personal Computer
PCM	Phase Change Memory, Phasenwechselspeicher
PDP	Positive Displacement Pump
PFI	Port Fuel Injection
Pkw	Personenkraftwagen
PM	Partikelmasse
PMD	Paramagnetischer Detektor
p_{me}	Effektiver Mitteldruck

p_{mi}	mittlerer indizierter Druck
PN	Partikelanzahl (Particle Number)
PP	Peripheralpumpe
ppm	parts per million, Teile pro Million
PRV	Pressure Relief Valve
PSI	Peripheral Sensor Interface, Schnittstelle zu peripheren Sensoren
Pt	Platin
PWM	Puls-Weiten-Modulation
PZ	Pumpzelle
P_Z	Leistung am Zylinder

R

r	Hebelarm (Kurbelradius)
R_1	Primärwiderstand
R_2	Sekundärwiderstand
RAM	Random Access Memory, Schreib-Lese-Speicher mit wahlfreiem Zugriff
RDE	Real Driving Emissions Test
RE	Referenz Electrode
RLFS	Returnless Fuel System
ROM	Read Only Memory, Nur-Lese-Speicher
ROZ	Research-Oktanzahl
RTE	Runtime Environment, Laufzeitumgebung
RZP	Rollenzellenpumpe

S

s	Hubfunktion
σ	Standardabweichung
SC	System Control, Systemsteuerung
SCR	selektive katalytische Reduktion
SCU	Sensor Control Unit
SD	System Documentation, Systembeschreibung
SDE	System Documentation Engine Vehicle ECU, Systemdokumentation Motor, Fahrzeug, Motorsteuerung
SDL	System Documentation Libraries, Systemdokumentation Funktionsbibliotheken
SEFI	Sequential Fuel Injection, Sequentielle Kraftstoffeinspritzung
SENT	Single Edge Nibble Transmission, digitale Schnittstelle für die Kommunikation von Sensoren und Steuergeräten
SFTP	US Supplemental Federal Test Procedures
SHED	Sealed Housing for Evaporative Emissions Determination
SMD	Surface Mounted Device, oberflächenmontiertes Bauelement
SMPS	Scanning Mobility Particle Sizer
SO_2	Schwefeldioxid
SO_3	Schwefeltrioxid
SRE	Saugrohreinspritzung
SULEV	Super Ultra Low Emission Vehicle
SWC	Software Component, Software Komponente
SYC	System Control ECU, Systemsteuerung Motorsteuerung
SZ	Spulenzündung

T

TCD	Torque Coordination, Momentenkoordination
TCV	Torque Conversion, Momentenumsetzung
TD	Torque Demand, Momentenanforderung
TDA	Torque Demand Auxiliary Functions, Momentenanforderung Zusatzfunktionen
TDC	Torque Demand Cruise Control, Fahrgeschwindigkeitsregler
TDD	Torque Demand Driver, Fahrerwunschmoment

TDI	Torque Demand Idle Speed Control, Leerlaufdrehzahlregelung
TDS	Torque Demand Signal Conditioning, Momentenanforderung Signalaufbereitung
TE	Tankentlüftung
TEV	Tankentlüftungsventil
t_F	Funkendauer
THG	Treibhausgase, u. a. CO_2, CH_4, N_2O
t_i	Einspritzzeit
TIM	Twist Intensive Mounting
TMO	Torque Modeling, Motordrehmoment-Modell
TPO	True Power On
TS	Torque Structure, Drehmomentstruktur
t_s	Schließzeit
TSP	Thermal Shock Protection
TSZ	Transistorzündung
TSZ, h	Transistorzündung mit Hallgeber
TSZ, i	Transistorzündung mit Induktionsgeber
TSZ, k	kontaktgesteuerte Transistorzündung

U

U/min	Umdrehungen pro Minute
U_F	Brennspannung
ULEV	Ultra Low Emission Vehicle
UN ECE	Vereinte Nationen Economic Commission for Europe
U_P	Pumpspannung
UT	Unterer Totpunkt
UV	Ultraviolett
U_Z	Zündspannung

V

V_c	Kompressionsvolumen
VFB	Virtual Function Bus, Virtuelles Funktionsbussystem
V_h	Hubvolumen
VLI	Vapour Lock Index
VST	Variable Schieberturbine
VT	Ventiltrieb
VTG	Variable Turbinengeometrie
VZ	Vollelektronische Zündung

W

W_F	Funkenenergie
WLTC	Worldwide Harmonized Light Vehicles Test Cycle
WLTP	Worldwide Harmonized Light Vehicles Test Procedure

X

XCP	Universal Measurement and Calibration Protocol – universelles Mess- und Kalibrierprotokoll

Z

ZEV	Zero Emission Vehicle
ZOT	Oberer Totpunkt, an dem die Zündung erfolgt
ZrO_2	Zirconiumoxid
ZZP	Zündzeitpunkt

Stichwortverzeichnis

Printed in the United States
By Bookmasters